DEUTSCHE AKADEMIE
DER LANDWIRTSCHAFTSWISSENSCHAFTEN ZU BERLIN

# ALBRECHT-THAER-ARCHIV

Arbeiten aus den Gebieten

Bodenkunde

Pflanzenernährung

Acker- und Pflanzenbau

Band 6

## JAHRESINHALTSVERZEICHNIS

1962

AKADEMIE-VERLAG · BERLIN

Herausgegeben von der
Deutschen Akademie der Landwirtschaftswissenschaften zu Berlin

Begründet von der
Landwirtschaftlich-Gärtnerischen Fakultät
der Humboldt-Universität zu Berlin

Schriftleitung: Prof. Dr. agr. habil. E. PLACHY, Redaktion: Dipl.-Landw. R. STUBBE.

Das Albrecht-Thaer-Archiv erscheint in Heften mit einem Umfang von je 5 Druckbogen (80 Seiten). Die innerhalb eines Jahres herausgegebenen 10 Hefte bilden einen Band. Das letzte Heft jedes Bandes enthält Inhalts- und Sachverzeichnis.

Der Bezugspreis beträgt 5,– DM je Heft.

Die Schriftleitung nimmt nur Manuskripte an, deren Gesamtumfang 25 Schreibmaschinenseiten nicht überschreitet und die bisher noch nicht, auch nicht in anderer Form, im In- oder Ausland veröffentlicht wurden. Jeder Arbeit ist ein Autorreferat zur Vorankündigung (nicht länger als $1^1/_2$ Schreibmaschinenseiten) sowie eine Zusammenfassung mit den wichtigsten Ergebnissen (nicht länger als 20 Zeilen), wenn möglich auch in russischer und englischer bzw. französischer Sprache, beizufügen. Gegebenenfalls erfolgt die Übersetzung in der Akademie.

Manuskripte sind zu senden an die Schriftleitung, Deutsche Akademie der Landwirtschaftswissenschaften zu Berlin, Berlin W 8, Krausenstr. 38–39.

Die Autoren erhalten Umbruchabzüge mit befristeter Terminstellung. Bei Nichteinhaltung der Termine erteilt die Redaktion Imprimatur.



Für jede Arbeit werden unentgeltlich 100 Sonderdrucke und ein Honorar von 40,– DM je Druckbogen zur Verfügung gestellt. Das Honorar schließt auch die Urheberrechte für das Bildmaterial ein. Dissertationen, auch gekürzte bzw. geänderte, werden nicht honoriert.

Verlag: Akademie-Verlag GmbH, Berlin W 8, Leipziger Str. 3–4, Fernruf 22 04 41, Telex-Nr. 011 773, Postscheckkonto: Berlin 350 21. Bestellnummer: 1051. Veröffentlicht unter der Lizenz-Nummer 5014 des Ministeriums für Kultur. Herstellung: Druckhaus „Maxim Gorki", Altenburg.

# AUTORENVERZEICHNIS

Band 6—1962

Seite

# SACHVERZEICHNIS

Band 6—1962

Seite

DEUTSCHE AKADEMIE
DER LANDWIRTSCHAFTSWISSENSCHAFTEN ZU BERLIN

# ALBRECHT-THAER-ARCHIV

Arbeiten aus den Gebieten

Bodenkunde
Pflanzenernährung
Acker- und Pflanzenbau

Band 6 · Heft 1
1962

AKADEMIE-VERLAG · BERLIN

Herausgegeben von der
Deutschen Akademie der Landwirtschaftswissenschaften zu Berlin

Begründet von der
Landwirtschaftlich-Gärtnerischen Fakultät
der Humboldt-Universität zu Berlin

Schriftleitung: Prof. Dr. agr. habil. E. PLACHY, Redaktion: Dipl.-Landw. R. STUPPE.

Das Albrecht-Thaer-Archiv erscheint in Heften mit einem Umfang von je 5 Druckbogen (80 Seiten). Die innerhalb eines Jahres herausgegebenen 10 Hefte bilden einen Band. Das letzte Heft jedes Bandes enthält Inhalts- und Sachverzeichnis.

Der Bezugspreis beträgt 5,– DM je Heft.

Die Schriftleitung nimmt nur Manuskripte an, deren Gesamtumfang 25 Schreibmaschinenseiten nicht überschreitet und die bisher noch nicht, auch nicht in anderer Form, im In- oder Ausland veröffentlicht wurden. Jeder Arbeit ist ein Autorreferat zur Vorankündigung (nicht länger als $1^1/_2$ Schreibmaschinenseiten) sowie eine Zusammenfassung mit den wichtigsten Ergebnissen (nicht länger als 20 Zeilen), wenn möglich auch in russischer und englischer bzw. französischer Sprache, beizufügen. Gegebenenfalls erfolgt die Übersetzung in der Akademie.

Manuskripte sind zu senden an die Schriftleitung, Deutsche Akademie der Landwirtschaftswissenschaften zu Berlin, Berlin W 8, Krausenstr. 38–39.

Die Autoren erhalten Fahnen- und Umbruchabzüge mit befristeter Terminstellung. Bei Nichteinhaltung der Termine erteilt die Redaktion Imprimatur.



Für jede Arbeit werden unentgeltlich 100 Sonderdrucke und ein Honorar von 40,– DM je Druckbogen zur Verfügung gestellt. Das Honorar schließt auch die Urheberrechte für das Bildmaterial ein. Dissertationen, auch gekürzte bzw. geänderte, werden nicht honoriert.

Verlag: Akademie-Verlag GmbH, Berlin W 8, Leipziger Str. 3–4, Fernruf 22 0441, Telex-Nr. 011 773, Postscheckkonto: Berlin 350 21. Bestellnummer dieses Heftes: 1051/6/1. Veröffentlicht unter der Lizenz-Nummer ZLN 5014 des Ministeriums für Kultur. Herstellung: Druckhaus „Maxim Gorki", Altenburg.

DEUTSCHE AKADEMIE
DER LANDWIRTSCHAFTSWISSENSCHAFTEN ZU BERLIN

# ALBRECHT-THAER-ARCHIV

Arbeiten aus den Gebieten

Bodenkunde

Pflanzenernährung

Acker- und Pflanzenbau

Schriftleitung:
Prof. Dr. agr. habil. E. PLACHY

BAND 6 · HEFT 1
1962

AKADEMIE-VERLAG · BERLIN

# INHALT

Aus dem Institut für Bodenkunde Eberswalde
der Deutschen Akademie der Landwirtschaftswissenschaften zu Berlin
(Direktor: Prof. Dr. E. EHWALD)

I. LIEBEROTH

# Über den Einfluß der Ackerkultur auf die Bodenentwicklung im sächsischen Lößgebiet[1]

Eingegangen am 3. 8. 1961

## Einleitung

Im Mittelpunkt der bodengenetischen Forschung standen bisher vor allem Untersuchungen über Vorgänge und Prozesse, die durch natürliche Faktoren bedingt sind. Die Zahl der Arbeiten über den Einfluß von Kulturmaßnahmen auf die Bodenentwicklung ist wesentlich geringer. Heute aber werden in vielen Gebieten der Erde ein großer Teil der Böden landwirtschaftlich genutzt. Durch diese Tatsache wird die Erforschung der Vorgänge in diesen Böden bald zur Hauptaufgabe in der Bodengenetik. Auch das so dringend anstehende Problem der Klassifikation der Kulturböden setzt noch umfangreiche bodengenetische Untersuchungen voraus. Es war daher naheliegend, daß auch wir uns diesen Problemen zuwandten. Die vorliegende Arbeit stellt unseren ersten Beitrag dazu dar.

Im Prinzip gibt es zwei Möglichkeiten, den Einfluß der Ackerkultur auf die Bodenentwicklung zu erfassen:

a) Durch Vergleich von benachbarten Wald-Ackerflächen. Eine gewisse Einschränkung erfährt dieser Vergleich nur bei älteren Ackerböden, weil hier die Entwicklung auch des Waldbodens unterdessen wesentlich weiter gegangen sein kann und damit die Ausgangssituation nicht mehr klar zu erfassen ist. Zumindest kann aber die Entwicklungstendenz herausgearbeitet werden.

b) In alten Ackerbaugebieten sind oftmals alle Wälder gerodet worden, bzw. es gibt nur noch einzelne reliefgebundene Waldstücke, die für einen direkten Vergleich nicht brauchbar sind. Hier können die vorkommenden Böden nur in ihrer Gesamtheit charakterisiert und der mögliche Einfluß der Ackerkultur aus der Gesamtsituation des Gebietes diskutiert werden.

Beide Möglichkeiten wurden für die Untersuchungen im sächsischen Lößgebiet herangezogen. In der vorliegenden Arbeit werden allerdings nur die Ergebnisse der direkten Wald-Ackervergleiche wiedergegeben.

## Allgemeine Angaben über das Untersuchungsgebiet

Die Untersuchungen wurden im nordsächsischen Lößgebiet in den Jahren 1958—1960 durchgeführt. Die jährliche Niederschlagsmenge schwankt von 550 bis 700 mm, die mittlere Jahrestemperatur von 8,2—8,7 °C. Der Wald ist im Untersuchungsgebiet heute stark zurückgedrängt worden. Im nördlichen Teil findet man nur noch einige Restgehölze sowie reliefgebundene Waldflächen vor. Der südliche Teil ist etwas waldreicher. Die landwirtschaftliche Nutzung des Gebietes ist recht vielseitig. Im Prinzip können alle Feldfrüchte angebaut werden, wobei Zuckerrüben, Weizen und Gemüse besonders bevorzugt werden.

[1] Erweiterte Fassung eines am 23. 8. 1961 auf der Jahrestagung der Deutschen Bodenkundlichen Gesellschaft in Wien gehaltenen Vortrages

Das Bodenausgangsmaterial stellt für alle hier beschriebenen Böden Würmlöß dar. Entsprechend dem Alter und der Kombination der verschiedenen Löße sowie den regionalen Klimaverschiedenheiten und nicht zuletzt unter dem Einfluß der früheren natürlichen Vegetation haben sich verschiedene Böden entwickelt. Näher kann an dieser Stelle nicht darauf eingegangen werden (1, 2). Hier seien lediglich die in dieser Arbeit vorkommenden drei Subtypen Parabraunerde, typische Fahlerde und typischer Pseudogley kurz definiert:

Parabraunerde[1] (Synonyme: Sol brun lessivé, braune Fahlerde), d. i. ein Boden mit einem Texturquotienten von 1,2—1,8, einem allmählichen (undeutlichen) Übergang vom $A_2$- zum $B_{tv}$-Horizont, einem allmählichen Humusabfall im Oberboden und einer mittleren bis hohen Sättigung.

Typische Fahlerde (Synonyme: Sol lessivé, gebleichte oder stark durchschlämmte Parabraunerde), d. i. ein Boden mit einem Texturquotienten von $> 1,8$, einem klaren bis schroffen Übergang vom $A_2$- zum $B_t$-Horizont, einem schroffen Humusabfall im Oberboden und einer geringen Sättigung.

Typischer Pseudogley (Synonyme: Staunässegley, gleichartiger Boden), d. i. ein Boden mit deutlichen Staunässemerkmalen im gesamten Profil, einem schroffen Humusabfall im Oberboden, einem allmählichen (meist undeutlichen) Übergang vom $gA_2$- zum $gB_t$-Horizont, einem Texturquotienten von $<2,0$ und einer geringen Sättigung. Sie sind in Sachsen immer auf bereits entkalkten, älteren Würmlößen entwickelt. Die Texturdifferenzierung ist gewöhnlich geringer als bei der typischen Fahlerde. Die Pseudovergleyung ist also nicht auf den höheren Tongehalt im $gB_t$-Horizont, sondern auf die stärkere Verdichtung des älteren Lößmaterials zurückzuführen. An einer anderen Stelle soll darüber ausführlich berichtet werden.

## Auswahl der Profile

Ausgehend von den im Untersuchungsgebiet natürlich vorkommenden Bodenbildungen wurde nach entsprechenden Vergleichsflächen gesucht. Da die Parabraunerde unter Wald nicht zu finden war, konnte der Wald-Ackervergleich nur mit zwei typischen Fahlerden und einem typischen Pseudogley vorgenommen werden. Es wurden unter Zuhilfenahme der Wald-Feldkarte von RICHTER sowie der Atlanten von OBERREIT und von OEDER-ZIMMERMANN (3) die Flächen ausgewählt, bei denen in unmittelbarer Nähe ein Wald-, ein Jungacker- und ein Altackerprofil unter sonst möglichst gleichen Bedingungen vorhanden waren. Durch eine solche Alterstaffelung werden wenigstens zwei verschiedene Kultivierungsstufen erfaßt. Folgende drei Örtlichkeiten erfüllten die obigen Bedingungen und wurden daher für die Vergleichsuntersuchungen herangezogen:

a) Am Schleinitzer Großholz, Flur Nelkanitz bei Lommatzsch. Das Waldprofil kann als typische Fahlerde mit mäßiger Durchschlämmung angesprochen werden. Das Jungackerprofil befindet sich etwa 400 m entfernt und wurde vor ca. 50 Jahren in Kultur genommen. Die Altackerfläche befindet sich 50 m vom Waldprofil entfernt. Sie wurde mindestens vor 120 Jahren, vermutlich aber schon vor längerer Zeit gerodet.

[1] Die Parabraunerde steht in der Mitte zwischen den Typen Braunerde und Fahlerde, wobei im Gelände sehr schwer zu entscheiden ist, welchem von beiden sie näher steht. In dieser Arbeit wird sie als Subtyp der Fahlerde aufgefaßt. Die Problematik ihrer Einstufung als Subtyp oder Typ wird hier ebenfalls nicht behandelt, sondern bleibt einer späteren Abhandlung vorbehalten.

b) Am Kranichau-Holz, Flur Zävertitz bei Mügeln. Das Waldprofil stellt eine typische Fahlerde mit starker Durchschlämmung dar. Der Jungacker liegt ca. 250 m vom Waldprofil entfernt und ist rund 70 Jahre alt. Die Altackerfläche befindet sich ca. 50 m vom Waldprofil entfernt; sie ist seit wenigstens 120 Jahren, höchstwahrscheinlich aber schon länger unter Kultur.

c) Am Fröhne-Holz, Flur Hartha. Das Waldprofil kann als typischer Pseudogley angesprochen werden. Die Jungackerfläche liegt etwa 50 m vom Waldprofil entfernt; sie wurde vor ca. 65 Jahren in Kultur genommen. Der Altacker befindet sich 500 m vom Waldprofil entfernt und ist wenigstens 120 Jahre alt, vermutlich aber schon wesentlich älter.

Einige der angeführten Profile sind doppelt angelegt worden. Außerdem konnten dazu noch ein Grünlandprofil (am Kranichau-Holz) sowie ein Ackeraufforstungsprofil (am Fröhne-Holz) untersucht werden.

Alle erwähnten Profile wurden eingehend morphologisch im Gelände studiert und anschließend im Labor mikromorphologisch sowie chemisch untersucht. In den Tabellen sind nur die Ergebnisse der Hauptprofile wiedergegeben. Auf die Daten der Wiederholungsprofile mußte aus Platzgründen verzichtet werden.

## Morphologische Charakterisierung der Profile

Waldprofil Nelkanitz: typische Fahlerde; mäßig durchschlämmt, schwach pseudovergleyt

Humusform: mullartiger Moder

$A_h$ 0—10/15 cm, dunkelbraungrauer (10YR3/2)[1] stark humoser lehmiger Schluff; ausgeprägt feinkrümelig und locker

$A_2$ 10/15—37/45 cm, fahlbrauner (10YR5—6/7) schwach humoser lehmiger Schluff; bröcklig, einige sehr kleine Fe-Konkretionen, stark durchwurzelt, unregelmäßiger aber deutlicher Übergang

$B_t$ 37/45—100 cm, mittel- bis kräftigbrauner (7,5YR5—4/4) toniger Schlufflehm; gut ausgeprägt mittelpolyedrisch, dicht, einige fahlbraune Flecken und Bahnen mit diffusen Rosträndern, kontinuierliche rötlichbraune (5YR4/3) Tonhäutchen, wenige kleine Fe-Konkretionen, in Subhorizonte gegliedert, allmählicher Übergang

X 100 cm +, Lamellenfleckenzone[2], mittelbrauner toniger Schlufflehm

Jungackerprofil Nelkanitz: Ackerfahlerde; mäßig durchschlämmt, mittlere Sättigung, lehmiger Schluff / toniger Schlufflehm

$A_p$ 0—21 cm, mittelbraungrauer (10YR4—5/2) mäßig humoser lehmiger Schluff; mittelkrümelig, z. T. bröcklig, einzelne sehr kleine Fe-Konkretionen, gerader und sehr scharfer Übergang

$A_2$ 21—44/50 cm, fahlgraubrauner (10YR6/3) lehmiger Schluff; massiv, leicht zerbröckelnd, im unteren Teil sehr schwach feinplattig, dichter als $A_p$, im obersten Teil einzelne mittelbraungraue Streifen ehemaligen $A_h$-Materials, unregelmäßiger aber deutlicher Übergang

$B_t$ 44/50—110 cm, kräftig brauner (7,5YR4—5/4) toniger Schlufflehm, sonst wie beim Waldprofil

X 110 cm +, Lamellenfleckenzone

Altackerprofil Nelkanitz: Ackerparabraunerde; mittlere Sättigung, schwach pseudovergleyt, lehmiger Schluff / toniger Schlufflehm

$A_p$ 0—23 cm, mittelgraubrauner (10YR5/3) schwach humoser lehmiger Schluff; schwach ausgeprägt mittelkrümelig, relativ dicht, wenige sehr kleine Fe-Konkretionen, gerader und scharfer aber schwer erkennbarer Übergang

[1] Munsell Soil Color Charts
[2] Siehe LIEBEROTH (4)

$A_2$ 23—32/38 cm, mittelgraubrauner (10YR5/3) schluffiger Lehm; bröcklig, kaum noch feinplattig, viele kleine hellgraubraune Flecken, viele kleine Fe-Konkretionen, stellenweise unregelmäßig-deutlich, stellenweise allmählich (undeutlich) in nächsten Horizont übergehend

$B_{tv}$ 32/38—100 cm, gleichmäßig mittel- bis kräftigbrauner (7.5YR5/4) toniger Schlufflehm; Tonhäutchen (7.5YR4/4) kaum vom Grundmaterial zu unterscheiden, mittel- bis kleinpolyedrisch, lockerer als $B_t$ unter Wald, mehrere kleine Fe-Konkretionen, allmählicher Übergang

X 100 cm +, Lamellenfleckenzone

Waldprofil Zävertitz: typische Fahlerde; stark durchschlämmt
Humusform: mullartiger Moder

$A_{h1}$ 0—4 cm, dunkelbraungrauer (10YR2/2) sehr stark humoser schwach lehmiger Schluff; locker, krümelig

$A_{h2}$ 4—11/15 cm, violettstichiger (5—7.5YR6/2) mäßig humoser schwach lehmiger Schluff

$A_{21}$ 11/15—45 cm, fahlbraungrauer (10YR6/3) schwach lehmiger Schluff; massiv, leicht zerbröckelnd, im unteren Teil deutlich feinplattig

$A_{22}$ 45—47/55 cm, fahlbraungrauer (10YR7/2) schwach lehmiger Schluff; 3—10 cm Rand über $B_t$, fest, ausgeprägt feinplattig, unregelmäßiger aber scharfer Übergang

$B_t$ 47/55—110 cm, kräftigbrauner (7.5YR4/4) toniger Schlufflehm; stellenweise in sich hell gesprenkelt, mittelpolyedrisch-prismatisch, kontinuierliche dicke dunkelrötlichgraubraune (5YR3—4/3) Tonhäutchen, einzelne sehr kleine Fe-Konkretionen, deutlich in 3 Subhorizonte gegliedert, Übergang allmählich

X 110 cm +, Lamellenfleckenzone

Jungackerprofil Zävertitz: Ackerfahlerde; mittlere Sättigung, stark durchschlämmt, schwach lehmiger Schluff / toniger Schlufflehm

$A_p$ 0—22 cm, mittelbraungrauer (10YR5/2) mäßig humoser schwach lehmiger Schluff; bröcklig-krümelig, locker, bei Austrocknung stärker bräunlich werdend, gerader und scharfer Übergang

$A_{21}$ 22—32/35 cm, mittelgraubrauner (10YR5—6/3) schwach lehmiger Schluff; leicht zerbröckelnd

$A_{22}$ 32/35—36/42 cm, fahlbraungrauer (10YR6/2.5) schwach lehmiger Schluff; sonst wie beim Waldprofil

$B_t$ 36/42—100 cm, ähnelt stark dem $B_t$ unter Wald

X 100 cm +, Lamellenfleckenzone

Altackerprofil Zävertitz: Ackerparabraunerde; mäßig durchschlämmt, hohe Sättigung, lehmiger Schluff / toniger Schlufflehm

$A_p$ 0—23 cm, mittelgraubrauner (10YR5/2.5) schwach humoser lehmiger Schluff; ausgeprägt mittelkrümelig, locker, undeutlicher Übergang

$A_2$ 23—45 cm, mittelgraubrauner (10YR5.5/3) lehmiger Schluff; schwach bröcklig, klarer bis allmählicher Übergang

$B_{tv}$ 45—105 cm, sehr gleichmäßig mittelbrauner (7.5YR5/5) toniger Schlufflehm; mittel- bis kleinpolyedrisch, im oberen Teil gegenüber dem Waldprofil gleichmäßiger verteilte und kaum von der Grundsubstanz unterscheidbare Tonhäutchen, mäßig dicht, allmählicher Übergang

X 105 cm +, Lamellenfleckenzone

Waldprofil Hartha: typischer Pseudogley; schwach durchschlämmt
Humusform: Moder

$A_{h1}$ 0—5/10 cm, dunkelgraubrauner (10YR3/2—3) sehr stark humoser schluffiger Lehm; krümelig

$A_{h2}$ 5/10—14 cm, fahlrötlichgraubrauner (5YR6/2) stark humoser schluffiger Lehm; noch deutlich feinkrümelig

$gA_2$ 14—24 cm, lichtgelbgrauer (2.5YR7/2) schwach humoser schluffiger Lehm; kompaktes, aber leicht zerbröckelndes Gefüge, wenige kleine deutlich begrenzte Rostflecken, einige sehr kleine Fe-Konkretionen g 24—40 cm, insgesamt mittelbrauner (7.5—10YR5/6) schluffiger Lehm; deutlich feinplattiges Gefüge, viele Rostflecke (7.5YR5/8) sowie kleine und mittlere Rostkonkretionen

$gB_t$ 40—115 cm, mittelbrauner (10YR5/4) toniger Schlufflehm; blockige Gefügekörper, die teils in grobe Polyeder, teils in dicke Platten zerfallen, viele fahlgraubraun (7.5YR6/2—4) z. T. lichtgrüngrau (5Y6/1) gefüllte Spalten, Ränder meist rostbraun (5—7.5YR5/8), Gefügekörper mit insges. kontinuierlichen Tonhäutchen bedeckt, viele mittelgroße Fe-Konkretionen, allmählicher Übergang

fG 115 cm +, toniger Schlufflehm

Jungackerprofil Hartha: Ackerpseudogley; mittlere Sättigung, schwach durchschlämmt lehmiger Schluff / toniger Schlufflehm

$A_p$ 0—23 cm, kräftigbraungrauer (10YR4/2) mäßig humoser lehmiger Schluff; schwach krümelig, stellenweise noch bröcklig, gerader und scharfer Übergang

$gA_2$ 23—34 cm, fahlgraubrauner (10YR6/3) lehmiger Schluff; leicht zerbröckelnd, stellenweise undeutlich plattig, hebt sich stark ab vom $A_p$, etwas verwaschener aussehend als unter Wald

g 34—46 cm, insgesamt noch fahlgraubrauner lehmiger Schluff; sonst wie unter Wald

$gB_t$ 46 cm +, ähnelt stark dem $gB_t$ unter Wald

Altackerprofil Hartha: Ackerpseudogley a. d. Grenze zur pseudovergleyten Ackerparabraunerde; hohe Sättigung, schwach durchschlämmt, lehmiger Schluff / toniger Schlufflehm

$A_p$ 0—22 cm, kräftig graubrauner (10YR4/3) mäßig humoser lehmiger Schluff; mittelkrümelig, undeutlicher Übergang

$A_{2g}$ 22—35 cm, insgesamt mittelgraubrauner (10YR5/3) lehmiger Schluff; deutlich bröcklig, stellenweise sehr schwach krümelig, farblich deutlich graubrauner als unter Wald und Jungacker, kaum rostfleckig, einige sehr kleine Fe-Konkretionen

g 35—48 cm, ähnelt $A_{2g}$, nur zahlreichere Konkretionen sowie verschwommene Rostflecke, dichter

$gB_t$ 48—110 cm, insgesamt mittelbrauner (10YR5/5) toniger Schlufflehm mit licht- und fahlgraubraunen vielfach rostbraun begrenzten Adern und Flecken; mittelpolyedrisch, nur stellenweise grobplattig, fleckenweise viele kleine Fe-Konkretionen, insgesamt Horizont aufgelockert (Verminderung der Staubkörperwirkung), gerader und deutlicher Übergang

gG 110 cm +, mittelbrauner toniger Schlufflehm

Im folgenden soll auf einige morphologische Besonderheiten der Ackerprofile gegenüber den Waldprofilen hingewiesen werden (siehe auch Abb. 1 und 2).

In den Jungackerprofilen hebt sich der $A_p$ sehr scharf vom $A_2$-($gA_2$-)Horizont ab. Seine Farbe ist stark graustichig und erscheint dadurch auch im Vergleich zum Altacker-$A_p$ meist dunkler. Die Struktur zeigt eine schwach krümelige Ausbildung, nicht selten ähnelt sie der des liegenden Horizontes (bröcklig). Der $A_2$ bzw. $gA_2$ unterscheidet sich kaum vom gleichen Horizont unter Wald. In den oberen Partien trifft man ab und zu (nach 50—60 Jahren!) Reste des eingepflügten ehemaligen $A_h$-Horizontes an, die einen nur schwach veränderten Eindruck machen.

In den Altackerprofilen ist der Farbunterschied zwischen dem $A_p$ und dem $A_2$ wesentlich schwächer, ja stellenweise (besonders im trockenen Zustand) gänzlich aufgehoben. Dies wird einmal durch einen stärkeren Braunstich im $A_p$ (→10YR4—5/3), zum anderen durch das Dunklerwerden des $A_2$ (→ 10 YR 5/3) bewirkt. Es findet also in der Farbe eine gewisse Angleichung statt. Die Krümelstruktur ist im $A_p$ deutlicher, wenn auch stellenweise noch schwach ausgebildet. Diese Struktur greift beim Nelkanitzer und Harthaer Altackerprofil bereits auf die oberen Partien des $A_2$ - ($A_{2g}$-)Horizontes über. Der $A_2$ selbst hat vielfach seine Plattigkeit verloren

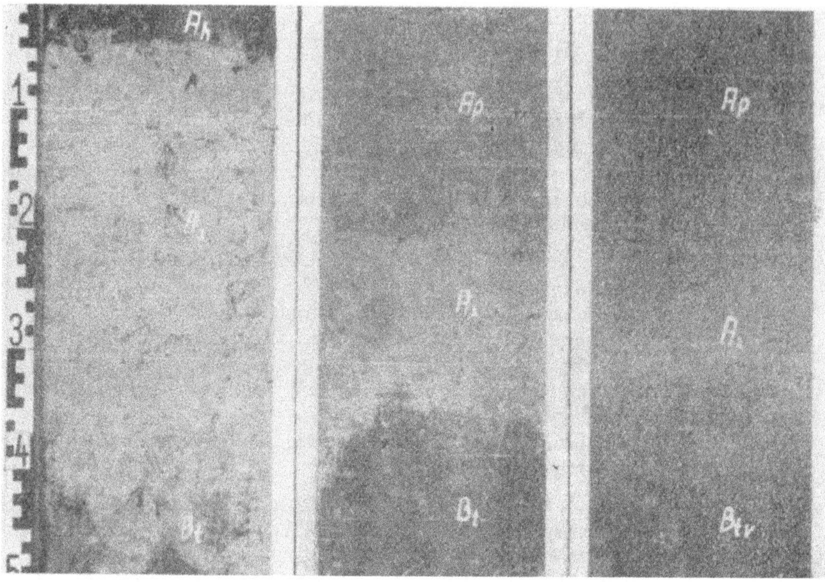

Abb. 1: Makromorphologischer Profilvergleich; Zävertitzer Böden: links Waldprofil, Mitte Jungackerprofil, rechts Altackerprofil

und erlangt ein locker-bröckliges Gefüge. Die Unterschiede in der Farbe und im Gefüge beginnen in der Übergangszone vom $A_2$ zum B gegenüber den Wald- und Jungackerprofilen ebenfalls zu verwischen. Bis in diese Tiefe, oftmals auch noch tiefer, kann eine starke Regenwurmtätigkeit beobachtet werden. Zwischen dem oberen und mittleren Teil des B-Horizontes sind keine morphologischen Unterschiede mehr festzustellen. Die Tonhäutchen heben sich kaum noch von den Gefügekörpern ab. Sie haben die gleiche Farbe wie diese und erwecken insgesamt den Eindruck, als ob sie das Solum völlig durchtränken.

Die von uns gemachten Feststellungen decken sich gut mit Angaben aus der Literatur. TAVERNIER und PÉCROT (5) stellten in Lessivés ebenfalls fest, daß der $A_2$ dunkler und die Tonhäutchen im $B_t$ dichter (und dunkler!) werden. Im $A_2$ war bereits ein Wechsel der Struktur von plattig zu polyedrisch zu beobachten.

## Mikromorphologische Charakterisierung

Aus den in dieser Arbeit nicht mitveröffentlichten Einzelbeschreibungen kann folgendes zusammengefaßt werden. Die $A_h$-Horizonte weisen ein lockeres, hohlraumreiches Gefüge auf. Die Skeletteilchen zeigen verschiedentlich eine schwache Umhüllung. Der Anteil an Gefügeplasma ist relativ gering. In den Hohlräumen befinden sich keine doppelbrechenden Substanzen.

Die $A_p$-Horizonte gleichen im Schliff stärker den $A_2$- als den $A_h$-Horizonten (siehe Abb. 3—5). Die Lockerheit des $A_h$ fehlt, das Elementargefüge ist dicht und kompakt sowie heller als im $A_h$, aber dunkler als im $A_2'$ gefärbt. Statt der vielen kleineren Hohlräume sind mehrere sogenannte Rißerweiterungen, das sind aus Rissen (?) entstandene längliche deutlich begrenzte Hohlräume, vorhanden (siehe Abb. 3). Diese sind fast immer leer. Nirgends können doppelbrechende Substanzen

Abb. 2a

Abb. 2b

Abb. 2: Makromorphologischer Profilvergleich; Harthaer Böden. 2a: Jungackerprofil, 2b: Altackerprofil

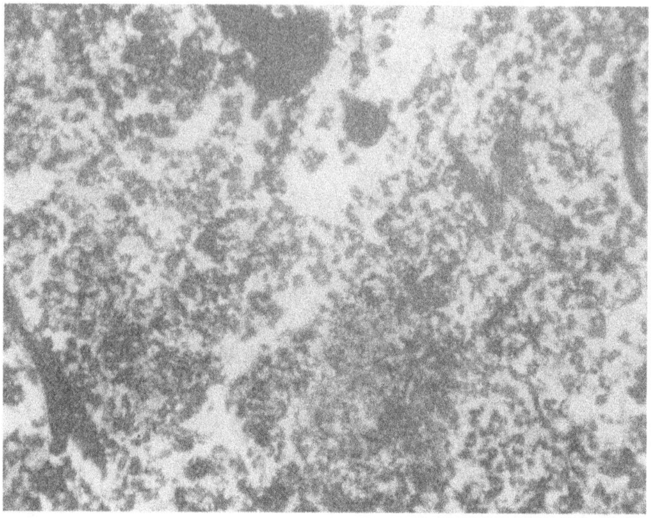

Abb. 3: Stark humoses, in lockere Aggregate zerfallendes Gefüge. Zävertitzer Waldprofil, $A_h$-Horizont, ca. 40fache Vergrößerung

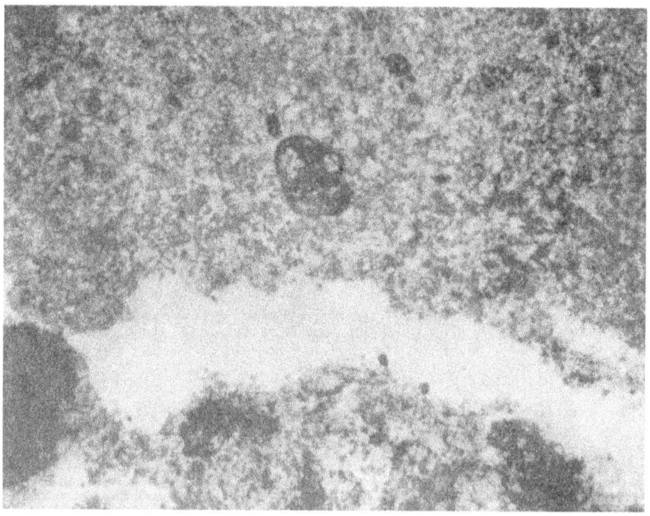

Abb. 4: Humoses, mäßig dicht gelagertes Gefüge mit größerem „Rißhohlraum". Links unten Fe-Konkretion. Harthaer Jungackerprofil, $A_p$-Horizont, ca. 40fache Vergrößerung

beobachtet werden. Die Eisenkonkretionen sind deutlich begrenzt, d. h., sie zeigen keine diffuse Randzone.

Die $A_2$- bzw. $gA_2$-Horizonte zeigen ein intertextisches Gefüge, das unter Wald im oberen Teil nicht ganz so dicht wie unter Acker ist. Dies hatte auch ALTEMÜLLER (6) bereits festgestellt. Die vielfach auftretenden Risse sind nur selten wie im $A_p$ erweitert. Der Anteil an doppelbrechenden Schlieren richtet sich nach dem unter natürlichen Verhältnissen erreichten Verarmungsgrad und verwischt evtl. vorhan-

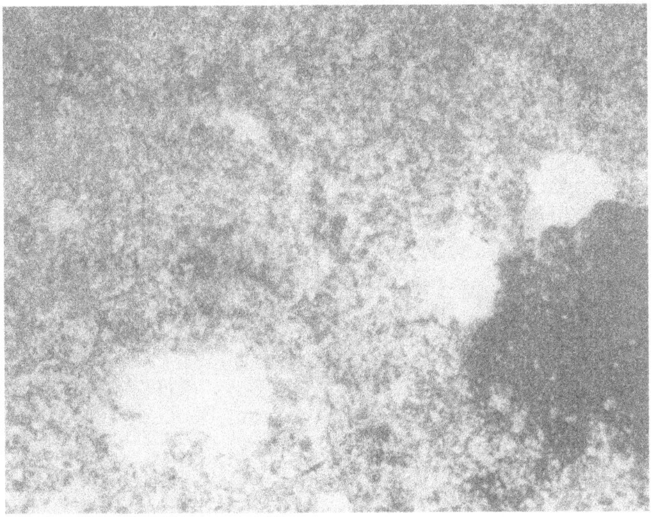

Abb. 5: Sehr dichtes, kompaktes Gefüge mit einigen abgerundeten Hohlräumen. Zävertitzer Waldprofil, $A_2$-Horizont, ca. 40fache Vergrößerung

dene Unterschiede zwischen Wald und Acker. Bei längerer Ackerkultur sind bei einem größeren Anteil an Fließplasma Zerteilungserscheinungen, bei einem geringeren Anteil fast völliges Verschwinden der Doppelbrechung zu beobachten.

Alle B-(gB-)Horizonte zeigen größere Mengen an doppelbrechenden Substanzen. In der oberen Hälfte des Nelkanitzer Altacker-$B_{tv}$-Horizontes konnte ein wesentliches Unterscheidungsmerkmal gegenüber dem Wald- und Jungackerprofil beobachtet werden. Hier ist das gewanderte Gefügeplasma nicht mehr in konzentrierten wandständigen Ablagerungen vorhanden, sondern es erscheint überwiegend partiell diffus verteilt. Dabei hat die Gesamtleuchtkraft nicht abgenommen, denn der ganze Schliff leuchtet mehr oder weniger diffus, aber noch intensiv auf. Man kann daraus auf eine hohe (partielle) Aktivierung des Plasmas schließen. Dieses Gefügebild ist sonst nur in $B_{tv}$-Horizonten schwach texturierter Lößböden (Parabraunerden), wenn auch in etwas abgeschwächter Form, zu beobachten. ALTMÜLLER (6) fand dieses hochaktive Gefügeplasma ebenfalls im B-Horizont von Parabraunerden („Braunerde" von Jerxheim). Im Erscheinungsbild ähnelt dasselbe dem „Braunlehm formé in situ" LARUELLES (34). Der obere Teil des Zävertitzer Altackerprofils zeigt die gleiche Erscheinung, aber in abgeschwächter Form, d. h. vermutlich im Anfangsstadium.

## Analysenergebnisse

### Angewandte Methoden

Korngrößenanalyse: Naßsiebung und KÖHNsche Pipettmethode, Dispergierung mit Natriumpyrophosphat. Freies Eisen: Extraktion mittels Natriumdithionit (AQUILERA-MEHRA-JACKSON), Bestimmung mittels o-Phenanthrolin (eigene Methode). AK- und H-Wert: Methode MEHLICH-SCHACHTSCHABEL. $K_2O$ und $P_2O_5$: Doppellaktatverfahren (EGNÉR-RIEHM). Kohlenstoff: oxydimetrisch. Stickstoff: Methode KJEHLDAHL-JODLBAUER. Phosphorsäure: Extraktion nach MEHTA, Bestimmung nach MUIR. Humuskomplexanalyse nach TIURIN. Braun- und Grauhuminsäuren nach FLAIG, SCHEFFER und KLAMROTH. Dünnschliffverfahren nach ALTEMÜLLER.

1. Gehalt an Ton und freiem Eisen (s. Tab. 1)

Bei allen Profilen handelt es sich um typische Lößböden. Die vorherrschende Fraktion stellt der Grobschluff dar (20—63 μm). Aus Platzgründen wurde auf die Wiedergabe der Gesamt-Korngrößenanalysen verzichtet.

Wichtig für unsere vergleichenden Betrachtungen ist vor allem der Tongehalt. Vergleicht man diesen in den $A_2$-Horizonten, so ist er in den Wald- und Jungackerprofilen praktisch gleich. In den (Fahlerde)-Altackerprofilen steigen die Tonwerte hingegen etwas an. Diese Tendenz ist zwar nicht immer ganz deutlich, insgesamt aber doch unverkennbar. Dafür gibt es zwei Erklärungen:

a) Die Anreicherung ist auf eine verstärkte Verwitterung im Oberboden zurückzuführen.
b) Die Anreicherung wurde im Laufe der Zeit durch die starke Tätigkeit der Bodentiere hervorgerufen, indem diese Material vom B- in den $A_2$-Horizont herauftransportierten.

Obwohl die erste Möglichkeit nicht ganz ausgeschlossen werden kann, spricht vor allem ein Argument für die zweite. Die Anreicherung ist nämlich am deutlichsten im unteren Teil des $A_2$, also in der Nähe des B-Horizontes, ausgeprägt. Im Einklang damit steht auch, daß bei längerer Ackerkultur die $A_2$/B-Grenze allmählich verwischt wird.

TAVERNIER und PÉCROT (5) stellten in belgischen Lessivés fest, daß der Tongehalt im $A_2$ im Vergleich zum Waldboden bei 2—6 Jahrhunderte alter Kultur von 12,9 auf 15,3% und bei sehr alten Ackerböden bis auf 17,7% anstieg. Im B hingegen waren ebenfalls wie bei uns keine Unterschiede festzustellen. Bei so langer Ackerkultur ist es aber sehr schwer, die Befunde auszudeuten. Es besteht hier nämlich die Möglichkeit, daß die sich unterdessen auch weiterentwickelnden Waldböden (heute meist als Sols lessivés ausgeprägt) im $A_2$-Horizont weiter an Ton verarmten. Das gleiche gilt für die Angaben von DELECOUR und PHILIPPOT (7), die ebenfalls eine Differenz des Tongehaltes im $A_2$ von Wald- und Ackerböden von 3—4% feststellen konnten.

Der Gehalt an freiem Eisen ist bei allen untersuchten Böden im B am größten. Im $A_h$ der Waldprofile ist ein zweites kleineres Maximum vorhanden, was vermutlich auf eine biologisch bedingte Akkumulation zurückzuführen ist. Dieser höhere Gehalt gegenüber dem nachfolgenden $A_2$-Horizont ist auch noch in den Jungackerprofilen zu beobachten. In den Altäckern hingegen ist der Gehalt an freiem Eisen im Oberboden relativ ausgeglichen. Er liegt hier außerdem grundsätzlich über dem, der in den $A_2$-(g$A_2$-)Horizonten der vergleichbaren Wald- und Jungackerprofile erreicht wurde. Der errechenbare Quotient Ton/fr.$Fe_2O_3$ (hier nicht extra angeführt) verdeutlicht aber, daß die Komponenten Ton und freies Eisen in enger Verbindung miteinander stehen. In dem gleichen Maße, in dem durch irgend eine Ursache der Tongehalt verändert wird, verändert sich in gleicher Richtung auch der Gehalt an freiem Eisen.

2. Austauschkapazität, Sättigung und Reaktion (s. Tab. 2)

Eine Erhöhung der Austauschkapazität des Gesamtbodens vom Wald- zum Ackerboden ist schwer nachzuweisen, da sich die Wirkungen von Humus und Ton überschneiden.

Die Sättigungswerte hingegen lassen deutliche Unterschiede erkennen. So zeigen bereits die Jungackerprofile eine beträchtliche Erhöhung. Im $A_p$ werden die höch-

Tabelle 1: Probeentnahmetiefe; Ton und freies Eisen in % des humusfreien Bodens

| Wald | | | | Jungacker | | | | Altacker | | | |
|---|---|---|---|---|---|---|---|---|---|---|---|
| Horizont | Probeentnahmetiefe cm | Ton % | freies $Fe_2O_3$ % | Horizont | Probeentnahmetiefe cm | Ton % | freies $Fe_2O_3$ % | Horizont | Probeentnahmetiefe cm | Ton % | freies $Fe_2O_3$ % |
| | | | | | Nelkanitz | | | | | | |
| $A_h$ | 1–8 | 14 | 0,92 | $A_p$ | 2–18 | 11 | 0,83 | $A_p$ | 1–18 | 13 | 0,84 |
| $A_{21}$ | 18–27 | 13 | 0,73 | $A_{21}$ | 25–35 | 11 | 0,77 | $A_2$ | 27–33 | 16 | 0,92 |
| $A_{22}$ | 32–38 | 13 | 0,77 | $A_{22}$ | 40–45 | 11 | 0,73 | | | | |
| $B_{t1}$ | 48–58 | 21 | 1,33 | $B_{t1}$ | 59–65 | 21 | 1,10 | $B_{t1v}$ | 39–45 | 20 | 1,06 |
| $B_{t2}$ | 65–75 | 26 | 1,36 | $B_{t2}$ | 73–80 | 24 | 1,32 | $B_{t2v}$ | 50–70 | 25 | 1,42 |
| $B_{t3}$ | 90–100 | 24 | 1,36 | $B_{t3}$ | 99–105 | 23 | 1,12 | $B_{t3}$ | 90–100 | 19 | 1,12 |
| $X_1$ | 120–130 | 21 | 1,29 | $X_1$ | 130–140 | 19 | 1,16 | $X_1$ | 120–130 | 18 | 1,02 |
| | | | | | Zävertitz | | | | | | |
| $A_{h1}$ | 1–4 | 11 | 1,17 | $A_p$ | 1–20 | 8 | 0,70 | $A_p$ | 1–20 | 10 | 0,86 |
| $A_{h2}$ | 7–12 | 10 | 0,92 | | | | | | | | |
| $A_{21}$ | 20–30 | 9 | 0,69 | $A_{21}$ | 26–30 | 9 | 0,63 | $A_{21}$ | 25–32 | 11 | 0,86 |
| $A_{22}$ | 45–50 | 9 | 0,61 | $A_{22}$ | 33–38 | 8 | 0,56 | $A_{22}$ | 39–43 | 13 | 0,86 |
| $B_{t1}$ | 55–60 | 18 | 0,99 | $B_{t1}$ | 45–50 | 18 | 1,20 | $B_{t1v}$ | 48–55 | 20 | 1,44 |
| $B_{t2}$ | 62–75 | 23 | 1,40 | $B_{t2}$ | 60–65 | 23 | 1,39 | $B_{t2v}$ | 65–75 | 23 | 1,40 |
| $B_{t3}$ | 90–100 | 20 | 1,23 | $B_{t3}$ | 85–95 | 22 | 1,42 | $B_{t3}$ | 90–100 | 19 | 1,14 |
| $X_1$ | 130–150 | 19 | 0,92 | | | | | $X_1$ | 115–130 | 18 | 1,10 |
| | | | | | Hartha | | | | | | |
| $A_{h1}$ | 2–7 | n. b. | 1,09 | $A_p$ | 1–20 | 12 | 1,13 | $A_p$ | 1–18 | 14 | 1,07 |
| $A_{h2}$ | 9–14 | 17 | 0,79 | | | | | | | | |
| $g_1A_2$ | 15–23 | 15 | 0,76 | $g_1A_2$ | 25–30 | 15 | 0,99 | $A_{2g1}$ | 22–28 | 14 | 1,10 |
| $g_2A_2$ | 25–35 | 17 | 1,24 | $g_2$ | 35–40 | 15 | 1,07 | $A_{2g2}$ | 31–35 | 17 | 1,30 |
| $g_3B_t$- | 42–45 | 20 | 1,32 | $g_3B_t$· | 47–52 | 19 | 1,60 | $g_3$ | 38–42 | 20 | 1,47 |
| $g_4B_t$ | 55–60 | 24 | 1,29 | $g_4B_t$ | 60–65 | 21 | 1,43 | $g_4B_t$ | 55–65 | 23 | 1,47 |
| $g_5B_t$ | 85–95 | 20 | 1,16 | $g_5B_t$ | 80–85 | 20 | 1,57 | $g_5B_t$ | 80–90 | 19 | 1,32 |

sten V-Werte von etwa 60% erreicht. Der Einfluß ist bis zum $B_3$- und $g_4$-Horizont nachweisbar. In den Altackerprofilen läßt sich eine weitere Steigerung der Sättigung erkennen, die bis nahe an 80% herangeht. Interessant ist die gute Ausgeglichenheit im gesamten Profil.

Die pH-Werte zeigen im Prinzip die gleiche Tendenz. Auffallend ist auch hier, daß selbst bei den Jungackerprofilen der Einfluß schon tiefer geht (etwa bis 50/80 cm). Allerdings ist infolge der relativ kurzen Kultivierungsperiode ein deutliches Absinken der Werte unterhalb des $A_p$ noch unverkennbar. Die Jungackerprofile weisen damit eine größere Unausgeglichenheit in den pH-Werten auf als die Waldprofile und die Altackerprofile. In den Altäckern ist das pH noch weiter erhöht (auf etwa 5,5). Der Einfluß erstreckt sich auf über 1,30 cm Tiefe!

Die Differenz zwischen den in KCl und $H_2O$ gemessenen pH-Werten ist verschieden groß. Die Jungackerprofile weisen etwa die gleiche Differenz wie die Waldprofile auf, in den Altackerprofilen hingegen sinkt sie beim Nelkanitzer Profil sehr

Tabelle 2

Austauschkapazität, Sättigung und pH

| Horizont | Wald | | | | Jungacker | | | | Altacker | | | |
|---|---|---|---|---|---|---|---|---|---|---|---|---|
| | pH KCl | pH $H_2O$ | AK mval | V % | pH KCl | pH $H_2O$ | AK mval | V % | pH KCl | pH $H_2O$ | AK mval | V % |
| **Nelkanitz** | | | | | | | | | | | | |
| $A_h$ bzw. $A_p$ | 3,4 | 3,9 | 20,9 | 10 | 5,0 | 5,6 | 12,6 | 62 | 5,5 | 5,9 | 11,1 | 70 |
| $A_{21}$ | 3,6 | 4,1 | 9,0 | 12 | 4,6 | 5,1 | 6,3 | 46 | 5,3 | 5,7 | 9,9 | 68 |
| $A_{22}$ | 3,7 | 4,1 | 7,4 | 18 | 4,3 | 4,9 | 6,0 | 41 | | | | |
| $B_1$ | 3,7 | 4,0 | 13,5 | 28 | 4,3 | 5,1 | 12,7 | 54 | 5,4 | 6,0 | 13,6 | 72 |
| $B_2$ | 4,0 | 4,7 | 14,4 | 59 | 4,6 | 5,6 | 13,3 | 69 | 5,3 | 6,0 | 14,1 | 79 |
| $B_3$ | 4,4 | 5,2 | 12,5 | 64 | 4,6 | 5,1 | 13,3 | 70 | 5,5 | 6,0 | 13,4 | 81 |
| $X_1$ | 4,4 | 5,3 | 13,9 | 78 | 5,1 | n. b. | 13,0 | 75 | 5,4 | 5,8 | 13,2 | 79 |
| $X_2$ | 5,8 | 6,0 | 11,6 | 79 | | | | | 5,4 | 5,8 | 13,9 | 69 |
| **Zävertitz** | | | | | | | | | | | | |
| $A_{h1}$ bzw. $A_p$ | 3,5 | 4,2 | 37,0 | 10 | 5,3 | 6,2 | 10,0 | 55 | 5,4 | 5,7 | 10,2 | 60 |
| $A_{h2}$ | 3,2 | 3,9 | 13,0 | 8 | | | | | | | | |
| $A_{21}$ | 3,8 | 4,6 | 7,4 | 4 | 4,6 | 5,2 | 5,7 | 39 | 5,6 | 6,5 | 6,9 | 74 |
| $A_{22}$ | 3,8 | 4,5 | 4,5 | 4 | 4,3 | 5,1 | 4,2 | 29 | 5,4 | 6,0 | 8,2 | 78 |
| $B_1$ | 3,7 | 4,4 | 12,5 | 7 | 4,0 | 4,9 | 11,0 | 40 | 5,3 | 5,9 | 14,9 | 71 |
| $B_2$ | 3,6 | 4,3 | 13,0 | 12 | 3,8 | 4,7 | 14,1 | 40 | 5,3 | 5,8 | 14,3 | 71 |
| $B_3$ | 3,9 | 4,8 | 12,1 | 45 | 3,9 | 4,6 | 12,0 | 63 | 4,7 | 5,3 | 11,8 | 68 |
| $X_1$ | 4,1 | 5,0 | 12,1 | 66 | | | | | 5,9 | 6,1 | 12,1 | 78 |
| $X_2$ | 4,4 | 5,2 | 10,5 | 79 | | | | | 6,6 | 6,7 | 10,3 | 81 |
| **Hartha** | | | | | | | | | | | | |
| $A_{h1}$ bzw. $A_p$ | 3,5 | 4,3 | 27,8 | 5 | 4,9 | 5,5 | 14,1 | 60 | 5,9 | 6,4 | 13,7 | 74 |
| $A_{h2}$ | 3,8 | 4,5 | 22,2 | 9 | | | | | | | | |
| $g_1$ | 3,8 | 4,7 | 11,2 | 5 | 4,3 | 5,1 | 8,3 | 37 | 5,7 | 6,0 | 9,9 | 72 |
| $g_2$ | 3,8 | 4,4 | 11,3 | 7 | 4,1 | 5,0 | 8,7 | 30 | 5,7 | 6,2 | 10,5 | 66 |
| $g_3$ | 3,9 | 4,5 | 11,3 | 17 | 4,1 | 4,9 | 9,2 | 29 | 5,5 | 5,7 | 12,1 | 66 |
| $g_4B_t$ | 4,2 | 5,2 | 15,8 | 45 | 3,9 | 4,5 | 10,2 | 26 | 5,7 | 5,7 | 14,7 | 62 |
| $g_5B_t$ | 4,6 | 5,0 | 12,7 | 39 | 4,2 | 4,9 | 12,4 | 33 | 5,7 | 6,0 | 14,7 | 62 |
| fG | 4,7 | 5,6 | 12,3 | 77 | | | | | 4,6 | 5,9 | 13,0 | 39 |

wenig, beim Zävertitzer von 0,8 auf 0,5 und beim Harthaer von 0,7 auf 0,3 herab. Da erst bei pH(KCl)-Werten unter 5,0—5,5 das Aluminium durch Kalium stärker ausgetauscht wird, so ist die geringere Differenz in den schwach sauren Altackerböden verständlich.

In der Literatur werden über den Einfluß der Ackerkultur am meisten pH- und Sättigungswerte angegeben (6, 8—14, 35—36 u. a.). Da im Prinzip von allen Autoren das gleiche gefunden wurde, ist es nicht nötig, näher darauf einzugehen. Besondere Erwähnung verdienen nur die beiden Arbeiten von DUDAL und LIVENS (15) sowie DELECOUR und PHILIPPOT (7). Sie fanden nämlich ähnliche Erhöhungen der V-Werte unter dem Einfluß verschieden alter Ackerkultur. Kleinere Unterschiede (z. B. in den Jungackerböden) können sowohl auf die unterschiedliche Ausgangsposition im Waldboden als auch auf die verschiedenen Bewirtschaftungsverhältnisse zurückgeführt werden. Abbildung 6 veranschaulicht die Ergebnisse aller Autoren.

### 3. Gehalt an pflanzenverfügbarem $P_2O_5$ und $K_2O$ (s. Tab. 3)

Die Werte der laktatlöslichen Phosphorsäure und des laktatlöslichen Kalis wechseln in den $A_p$-Horizonten stark, entsprechend den vor der Probeentnahme verabfolgten Düngergaben. Hier lohnt eine nähere Betrachtung nicht. In den nachfolgenden Schichten der Ackerprofile ist im allgemeinen ein gewisser Ausgleich zu erkennen. Besonders die Kaliwerte in den Jungackerprofilen zeigen diese Tendenz sehr deutlich, was durch die Erhöhung der Werte im $A_2$ ($gA_2$) bewirkt wird. Aufmerksamkeit verdient aber noch ein anderes Resultat. Der Gehalt an Phosphorsäure und Kali ist in den Altackerprofilen insgesamt niedriger als in den Jungackerprofilen. Das trifft fast auf sämtliche Werte zu und scheint daher kein Zufall zu sein. Andere von uns untersuchte alte Ackerböden, die in die Gruppe der Schwarzerden und Parabraunerden gehören, zeigen die gleiche Erscheinung. Eine Erklärung dafür zu geben, ist sehr schwer. Es könnte möglich sein, daß die höheren Werte in den Jungackerböden auf die noch stattfindende starke Mineralisierung der Humusstoffe zurückzuführen

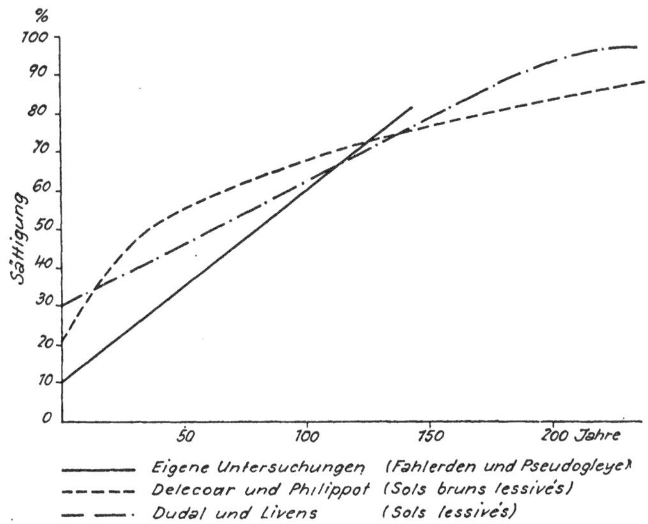


Abb. 6

sind. Es ist auch nicht auszuschließen, daß die Jungackerböden zufällig oder bewußt (als ehemalige Waldböden) stärker gedüngt wurden, worauf z. B. die hohen Werte in den $A_p$-Horizonten hindeuten.

Es ist sehr interessant, daß auch KOWALINSKI und KOLLENDER-SZYCH (35) in einem texturdifferenzierten Lößboden unter Acker ab 30 cm Tiefe niedrigere $P_2O_5$- und $K_2O$-Werte fanden als in den damit vergleichbaren Waldböden. ALTEMÜLLERS (6) Untersuchungen dieser Art führten jedoch zu anderen Ergebnissen.

### 4. Humusgehalt (s. Tab. 4 und 5)

Laut Tab. 5 läßt sich im Vergleich zum Wald-$A_h$ in den entsprechenden $A_p$-Horizonten der Jungäcker eine deutlich abfallende Tendenz des Humusgehaltes erkennen, die sich zu den Altackerprofilen weiter fortsetzt. Im $A_2$ bzw. $gA_2$ hingegen ist ein Abfall nur von den Wald- zu den Jungackerprofilen zu erkennen, in den Altäckern steigt der Humusgehalt wieder etwas an. Die Tendenz des allmählichen Humusausgleichs in den oberen Horizonten kommt auch im Humusquotient (H/Q) $A_h/A_2$ bzw. $A_p/A_2$ zum Ausdruck (Tab. 4). Dieser Quotient fällt vom Waldprofil über das Jungackerprofil stark ab. Während er innerhalb der Wald- (entsprechend dem Charakter des Subtyps) und der Jungackerprofile noch gewisse Schwankungen aufweist, erreicht er in den Altackerprofilen fas den gleichen Wert von etwa 2,7.

Die in Tabelle 4 angeführten Humusmengen in t/ha zeigen für die dort angegebenen Tiefen ein ähnliches Bild. Ganz klar fällt die Humusmenge in den oberen 22 cm in der Richtung Wald → Jungacker → Altacker ab — und das ohne Berücksichtigung der Humusauflage! In der Schicht von 22—40 cm ist auch hier in den Jungackerprofilen ein Minimum zu finden — außer beim Nelkanitzer. Die Profilgruppe Hartha weist in allen 3 Stufen die höchsten Humusmengen auf, was auf eine gewisse Hemmung des Humusabbaues (Pseudovergleyung) hindeutet. Der Humusmengenquotient (HMQ) ist in den Waldprofilen wiederum am höchsten. Er wird dann in den Jungackerprofilen kleiner. Besonders hebt sich hier der Harthaer Vergleich durch seinen schroffen Abfall heraus. In den Altackerprofilen wird bei allen 3 Vergleichen ein nahezu gleich großer Wert von ca. 3 erreicht. Die Quotienten stimmen annähernd mit denen aus den Humusprozentzahlen errechneten überein, so daß schon durch jene die Tendenz des allmählichen Humusausgleiches im Oberboden hinreichend gekennzeichnet wird.

In der Literatur sind über die Humusverhältnisse in Ackerböden mehrere Angaben vorhanden. Bei SCHROEDER (13) zeigt das Altackerprofil im Ap, besonders aber im $A_2$, mehr Humus als das (vergleichbare?) Jungackerprofil. WASHENIN (14) fand in den oberen Schichten kultivierter Böden eine Abnahme des Humusgehaltes gegenüber den entsprechenden Waldböden. GRIGOREV (8) ermittelte in Jungackerprofilen ebenfalls eine Humusminderung, in länger kultivierten (vergleichbaren?) Böden eine gleichbleibende und ansteigende Tendenz. HOBBS und BROWN (16) stellten in Kansas unter den verschiedensten Bodenbehandlungssystemen schon innerhalb von 30 Jahren auf neu kultivierten Böden eine beträchtliche Humusabnahme im $A_p$ fest. Wenn auch all diese Angaben auf Grund der verschiedenen Klima-, Boden- und Bewirtschaftungsverhältnisse schwer miteinander vergleichbar sind, so hebt sich doch im großen und ganzen mehr die Tendenz einer Humusminderung als einer -mehrung im $A_p$ durch die Ackerkultur heraus. Selbst in Schwarzerden konnten NOVÁK (11), GROMYKO (17) sowie LASAREV, TSCHISHEVSKI und BELČIKOVA (zit. 18) diese Abnahme ermitteln, was auch wir bestätigen können.

5. Das C/N-Verhältnis (s. Tab. 5)

Die Verengung des C/N-Verhältnisses im $A_p$ der Jungackerprofile ist überall deutlich zu erkennen. Nach etwa 50- bis 60jähriger Kultur erreichte es bei den vorliegenden Böden einen Wert von etwa 12. Ebenso deutlich ist der weitere Abfall in den Altackerprofilen. Der Stickstoffgehalt wird also in geringerem Maße als der Kohlenstoffgehalt vermindert. Das nach langjähriger Ackerkultur erreichte C/N-

Tabelle 3

Pflanzenverfügbares $P_2O_5$ und $K_2O$

| Horizont | Wald | | Jungacker | | Altacker | |
|---|---|---|---|---|---|---|
| | $P_2O_5$ mg | $K_2O$ mg | $P_2O_5$ mg | $K_2O$ mg | $P_2O_5$ mg | $K_2O$ mg |
| | | | Nelkanitz | | | |
| $A_h$ bzw. $A_p$ | 5 | 6 | 14 | 40 | 3 | 13 |
| $A_2$ | 2 | 3 | 3 | 22 | 2 | 3 |
| B | 4 | 6 | 4 | 13 | 3 | 6 |
| X | 3 | 2 | 6 | 2 | 4 | 4 |
| | | | Zävertitz | | | |
| $A_h$ bzw. $A_p$ | 5 | 14 | 23 | 25 | 6 | 18 |
| $A_2$ | 6 | 7 | 7 | 12 | 4 | 6 |
| B | 14 | 9 | 8 | 11 | 13 | 5 |
| X | 7 | 5 | n. b. | n. b. | 9 | 3 |
| | | | Hartha | | | |
| $A_h$ bzw. $A_p$ | 2 | 5 | 2 | 15 | 2 | 10 |
| $gA_2$ | 1 | 3 | 1 | 6 | 1 | 5 |
| gB | 1 | 5 | 1 | 5 | 1 | 3 |

Tabelle 4

Humusverteilung im Oberboden

| Wald | | | | Jungacker | | | | Altacker | | | |
|---|---|---|---|---|---|---|---|---|---|---|---|
| Tiefe cm | Humus t/ha | HMQ | HQ $A_h/A_2$ | Tiefe cm | Humus t/ha | HMQ | HQ $A_p/A_2$ | Tiefe cm | Humus t/ha | HMQ | HQ $A_p/A_2$ |
| | | | | | Nelkanitz | | | | | | |
| 0–22 | 100 | 5,3 | 6,2 | 0–21 | 72 | 4,0 | 4,2 | 0–23 | 48 | 3,2 | 2,4 |
| 22–40 | 19 | | | 21–40 | 18 | | | 23–40 | 15 | | |
| | | | | | Zävertitz | | | | | | |
| 0–22 | 116 | 5,5 | 8,8 | 0–22 | 68 | 4,5 | 3,9 | 0–23 | 58 | 3,1 | 2,7 |
| 22–40 | 21 | | | 22–40 | 15 | | | 23–40 | 19 | | |
| | | | | | Hartha | | | | | | |
| 0–22 | 144 | 11,1 | 10,3 | 0–23 | 98 | 10,9 | 8,1 | 0–22 | 73 | 2,9 | 3,3 |
| 22–40 | 13 | | | 23–40 | 9 | | | 22–40 | 25 | | |

HMQ = Humusmengenquotient (0–22 cm/22–40 cm)
HQ = Humusquotient

Tabelle 5

Humus, C/N, organisch gebundener Phosphor und UK des Humus

| Horizont | Wald | | | | | | Jungacker | | | | | | Altacker | | | | | |
|---|---|---|---|---|---|---|---|---|---|---|---|---|---|---|---|---|---|---|
| | Humus % | C/N | $P_0$ in % v. $P_t$ | $C/P_0$ | $T_0$ in% v. AK | AK mval je 100 g Humus | Humus % | C/N | $P_0$ in % v. $P_t$ | $C/P_0$ | $T_0$ in % v. AK | AK mval je 100 g Humus | Humus % | C/N | $P_0$ in % v. $P_t$ | $C/P_0$ | $T_0$ in % v. AK | AK mval je 100 g Humus |
| | | | | | | | | | Nelkanitz | | | | | | | | | |
| $A_0$ | 43,5 | 19,2 | — | — | — | — | — | — | — | — | — | — | — | — | — | — | — | — |
| $A_h(A_p)$ | 6,52 | 13,6 | 67 | 170 | 67 | 220 | 2,82 | 13,2 | 40 | 80 | 38 | 210 | 1,59 | 9,4 | 44 | 50 | 34 | 240 |
| $A_{21}$ | 1,32 | 12,1 | 28 | 110 | | | 0,77 | 11,5 | 37 | 30 | | | 0,67 | 7,9 | 37 | 40 | | |
| $A_{22}$ | 0,65 | | 30 | 60 | | | 0,43 | | 24 | 40 | | | | | | | | |
| $B_1$ | 0,33 | | | | | | 0,28 | | | | | | 0,42 | | | | | |
| | | | | | | | | | Zävertitz | | | | | | | | | |
| $A_0$ | 47,8 | 17,1 | — | — | — | — | — | — | — | — | — | — | — | — | — | — | — | — |
| $A_{h1}$ | 15,50 | 16,7 | 70 | 210 | 87 | 210 | — | — | — | — | — | — | — | — | — | — | — | — |
| $A_{h2}(A_p)$ | 4,25 | — | 46 | 110 | | | 2,35 | 12,2 | 29 | 90 | 52 | 220 | 1,97 | 9,4 | 42 | 60 | 47 | 240 |
| $A_{21}$ | 0,94 | 13,9 | 13 | 110 | | | 0,68 | 12,3 | 34 | 40 | | | 0,86 | 7,6 | 32 | 40 | | |
| $A_{22}$ | 0,36 | | 13 | 40 | | | 0,45 | | 17 | 50 | | | 0,47 | | 14 | 60 | | |
| $B_1$ | 0,90 | | | | | | 0,64 | | | | | | 0,64 | | | | | |
| | | | | | | | | | Hartha | | | | | | | | | |
| $A_0$ | 45,3 | 23,2 | — | — | — | — | — | — | — | — | — | — | — | — | — | — | — | — |
| $A_{h1}$ | 9,11 | 16,8 | 63 | 240 | 62 | 210 | — | — | — | — | — | — | — | — | — | — | — | — |
| $A_{h2}(A_p)$ | 6,58 | | 57 | 180 | | | 3,34 | 12,2 | 49 | 80 | 49 | 210 | 2,69 | 9,9 | 48 | 80 | 36 | 230 |
| $g_1$ | 1,42 | 8,2 | 43 | 90 | | | 0,54 | 8,5 | 36 | 40 | | | 1,08 | 8,8 | 38 | 60 | | |
| $g_2$ | 0,52 | | 19 | 50 | | | 0,31 | | 15 | 60 | | | 0,70 | | 27 | 70 | | |
| $g_3$ | 0,50 | | | | | | 0,28 | | | | | | 0,45 | | | | | |

$P_t$ = Gesamt-P $P_0$ = organisch gebundener P $T_0$ = T-Wert der organischen Substanz AK = Austauschkapazität

Verhältnis weist bereits einen außerordentlich niedrigen Wert von etwa 9,5 auf und liegt somit noch unter dem der Schwarzerde-Oberböden (18, 19). Verschiedene andere Autoren (8, 13, 14, 18) fanden in alten Ackerböden die gleichen niedrigen Werte, so daß man allgemein für die große Gruppe der „podsoligen" Böden (im weitesten Sinne des Wortes) nach langjähriger Kultivierung im $A_p$ ein C/N-Verhältnis von 9—10 annehmen kann.

## 6. Gehalt an organisch gebundener Phosphorsäure (s. Tab. 5)

Die organisch gebundene Phosphorsäure ist deshalb von besonderem Interesse, weil sie von der Pflanze verhältnismäßig gut aufgenommen wird (zit. 20). Sie erreicht in unseren Waldprofilen einen Anteil von 60—70% der Gesamtphosphorsäure im $A_h$. In den $A_2$-Horizonten wechselt ihr Anteil stark. In den Ackerprofilen werden im $A_p$ Prozentzahlen von etwa 30—50 (16—23 mg) erreicht. Nur im $A_2$ unmittelbar unter der Krume sind überall annähernd gleich große Werte von 32—38% vorhanden, ein Zeichen dafür, daß sich hier ein ganz bestimmtes Gleichgewicht zwischen Gesamt- und organisch gebundenem Phosphor eingestellt hat.

Bei der Betrachtung dieser Prozentzahlen könnte man annehmen, daß sich keine bestimmte Tendenz in den untersuchten Profilen herausgebildet hat. Der teilweise starke Wechsel wird einmal vom Gesamtgehalt an Phosphor, zum anderen vom Humus mitbestimmt. Die Beziehungen zum letzteren werden durch das $C/P_o$-Verhältnis wiedergegeben. Hier läßt sich eine deutliche Tendenz erkennen. In den Wald-$A_h$-Horizonten sind die weitesten Verhältnisse zu finden. Die Jungackerprofile weisen ein deutlich engeres Verhältnis auf. Im $A_p$ werden hier Werte zwischen 80 und 90 erreicht. In den Altackerprofilen findet eine weitere Verengung des $C/P_o$-Verhältnisses statt. Nur der Harthaer Altacker zeigt den gleichen Wert wie das Jungackerprofil. Vielleicht ist hier der bereits relativ hohe $P_o$%-Wert der begrenzende Faktor. Das engste Verhältnis wird in den Ackerböden unmittelbar unterhalb der Krume erreicht.

Insgesamt liegen die von uns gefundenen $C/P_o$-Verhältnisse etwa in dem von KAILA (21) für Lehmböden angegebenen Bereich von 50—210. Die von BOHNE (22) in Ackerböden festgestellten Mittelwerte von 60—90 stimmen sogar gut mit unseren Daten überein.

## 7. Austauschkapazität des Humus (s. Tab. 5)

Der Anteil der organischen Substanz an der Austauschkapazität des Bodens ist in den $A_h$-Horizonten der Waldprofile absolut und relativ am höchsten. Dies ist durch den hohen Humusgehalt dieser Horizonte bedingt. In den Jungackerprofilen geht der $T_o$-Wert beträchtlich zurück. In den Altackerprofilen sinkt er gegenüber den Jungackerprofilen nur unwesentlich ab. Da sich der Humusgehalt aber noch beträchtlich vom Jungacker- zum Altackerprofil vermindert, muß dementsprechend die Austauschkapazität je 100 g organische Substanz in der gleichen Richtung ansteigen. Die Werte in Tabelle 5 zeigen das deutlich.

## 8. Qualitative Zusammensetzung des Humus (s. Tab. 6)

Der nach dem Trennungsverfahren von TIURIN (18, 23) ermittelte Quotient Gesamt-Huminsäuren zu Gesamt-Fulvosäuren (H/F) zeigt bei allen untersuchten

Böden keine größeren Unterschiede.[1] Der Anteil der in Alkohol und Benzol löslichen Fraktion zeigt zwischen den Wald- und Ackerböden dagegen deutliche Differenzen. Die Waldböden weisen in allen Fällen die höchsten Werte auf. In den Ackerböden vermindern sich die Wachse, Harze, Fette usw. teilweise recht beträchtlich. In den Altackerböden werden die niedrigsten Werte erreicht. Der nicht extrahierbare Rest-Kohlenstoff zeigt keine besonderen Tendenzen zwischen den Wald- und Ackerprofilen. Nur zwischen den Profilgruppen treten bedeutendere Unterschiede auf. Der Anteil der nicht mit Huminsäuren gekoppelten Fulvosäuren (= F1: freie und an Sesquioxydhydrate gebundene Fulvosäuren) ist in den Wald- und Jungackerprofilen meist gleich groß, in den Altackerböden tritt aber in jedem Falle eine Verminderung ein. Der Anteil der an Ca gebundenen Huminsäuren (H2) wächst von den Wald- über die Jungacker- zu den Altackerprofilen, was vermutlich auf den gleichsinnig verlaufenden Sättigungsanstieg zurückzuführen ist. Diese Zunahme ist auch bei KONONOVA (18) und LEVIN (25) zu finden. Der Quotient Braun- zu Grauhuminsäuren[2] (von uns zusätzlich zur TIURIN-Analyse ermittelt) in der durch NaOH nach der Säurevorbehandlung extrahierten Haupt-Huminsäurefraktion (H1 + 2) verengt sich von den Wald- zu den Ackerprofilen.

Die Humuskomplexanalyse zeigt also Unterschiede in der Alkohol-Benzolfraktion, in der $F_1$-Fraktion, bei den an Ca gebundenen Huminsäuren, in dem Mengenanteil an Braun- und Grauhuminsäuren und bei den nicht mit Huminsäuren gekoppelten Fulvosäuren. Stuft man alle unsere untersuchten Böden nach der russischen Klassifikation in die Gruppe der Derno-Podsole ein, dann stimmt der H/F-Quotient mit dem von anderen Autoren (8, 18, 23) für diese Böden angegebenen überein.

Selbst unsere Altäcker ordnen sich dem Bodengruppencharakter unter. Obwohl nach LEVIN (25) eine Verengung des H/F-Quotienten in kultivierten Derno-Podsolen eintreten soll, läßt andererseits die von KONONOVA (18) für einen derartigen Boden angeführte Analyse diesen Schluß nicht zu. Die von GRIGOREV (8) angegebenen Differenzen im H/F-Verhältnis vergleichbarer Böden lassen sich nach unserer Ansicht nicht absichern. Damit verliert dieser Kennwert der Komplexanalyse zur Unterscheidung des Humuszustandes in den Böden, die voneinander nicht mehr als die hier verglichenen abweichen, an Bedeutung.

Einen guten Einblick in die qualitative Beschaffenheit der Huminsäuren gewährt eher das Verhältnis von Braun- zu Grauhuminsäuren (B/G) und der Farbquotient 472 nm : 664 nm, kurz Q4/6-Wert genannt. Je enger der Farbquotient wird, um so komplizierter ist der Aufbau der Huminsäuremoleküle.[3] Aus den Daten in Tabelle 6 läßt sich folgendes ablesen. Der Q4/6-Wert der H1 + 2-Lösungen sinkt vom Wald- über das Jungacker- zum Altackerprofil in allen 3 Vergleichen deutlich ab. H1 + 2 setzt sich nun aus B + G zusammen. Aus diesem Grunde liegt auch der Quotient von H1 + 2 zwischen denen von B und G. Die Q4/6-Werte der G-Fraktion bewegen sich alle um 3. Eine bestimmte Tendenz lassen sie zwischen den Wald- und Acker-

[1] Eine eingehende Interpretation der kleinen Differenzen lohnt sich nicht. Dazu ist die Art der Kohlenstoffbestimmung zu ungenau. Bei der Humuskomplexanalyse kommt einem Unsicherheitsfaktor der Naßverbrennung, dem O:H-Verhältnis (24), besondere Bedeutung zu. Gerade in den verschiedenen Humusfraktionen und auch beispielsweise in den Huminsäuren verschiedener Bodentypen (18) wechselt dasselbe stark. Dieser Fehlermöglichkeit wird wenig Beachtung geschenkt, obwohl sie genaue Bilanzuntersuchungen obiger Art stark beeinflußt.

[2] Wenn auch über die chemische Zusammensetzung der Grau- und Braunhuminsäuren keine einheitliche Meinung besteht, so wird doch ihre bodenkundliche Bedeutung kaum angezweifelt (26).

[3] Je kleiner der Farbquotient ist, um so höher ist die Lichtabsorption. Diese wird von den chromophoren Gruppen (Carbonyl-chinoide Gruppen, Doppelbindungen) bestimmt und dient als indirekter Hinweis für die Komplizierung des Molekülbaues (höhere Kondensationsstufe, höheres Molekulargewicht) (18).

Tabelle 6

Ergebnisse der Humuskomplexanalyse im $A_h$- bzw. $A_p$-Horizont

| Vergleich | Nutzung | in % vom Gesamt-C | | | | | H2 in % von H | H/F | B/G in H1+2 | Q4/6-Werte | | | |
|---|---|---|---|---|---|---|---|---|---|---|---|---|---|
| | | AB | F | H | Rest-C | F1 | | | | B | H1+2 | H3 | G |
| Nelkanitz | Wald | 9 | 34 | 24 | 33 | 5,6 | ~0 | 0,7 | 6 | 5,9 | 4,9 | n. b. | 3,0 |
| | Jungacker | 7 | 35 | 26 | 32 | 5,9 | 20 | 0,7 | 4 | 5,6 | 4,3 | n. b. | 3,5 |
| | Altacker | 5 | 37 | 29 | 29 | 4,5 | 29 | 0,8 | 3 | 5,2 | 4,0 | n. b. | 3,0 |
| Zävertitz | Wald | 14 | 26 | 21 | 39 | 6,4 | ~0 | 0,8 | 7 | 8,2 | 6,8 | 4,2 | 2,7 |
| | Jungacker | 6 | 33 | 23 | 38 | 5,3 | 37 | 0,7 | 4 | 8,1 | 6,0 | 4,4 | 2,7 |
| | Altacker | 5 | 34 | 22 | 39 | 4,9 | 46 | 0,7 | 4 | 5,0 | 4,9 | 5,0 | 3,4 |
| Hartha | Wald | 18 | 34 | 20 | 28 | 7,1 | ~0 | 0,6 | 6 | 8,6 | 6,9 | 3,1 | 3,4 |
| | Ackeraufforstung | 7 | 39 | 24 | 30 | 7,2 | 28 | 0,6 | 5 | 8,5 | 5,9 | 4,5 | 3,0 |
| | Jungacker | 7 | 40 | 22 | 31 | 8,2 | 28 | 0,6 | 4 | 6,7 | 5,1 | 3,7 | 3,1 |
| | Altacker | 5 | 33 | 23 | 39 | 5,9 | 36 | 0,7 | 4 | 6,2 | 4,6 | 3,9 | 2,6 |

F: Gesamt-Fulvosäuren
H: Gesamt-Huminsäuren
B: Braunhuminsäuren
G: Grauhuminsäuren
F1: nicht mit Huminsäuren gekoppelte Fulvosäuren

H1: mit beweglichen Sesquioxydhydraten gekoppelte Huminsäuren
H2: mit Kalzium gekoppelte Huminsäuren
H3: mit unbeweglichen Sesquioxydhydraten gekoppelte Huminsäuren
AB: in Alkohol-Benzol lösliche Fraktion

profilen genauso wenig wie die Quotienten der H3-Fraktion erkennen. Die Quotienten der B-Fraktion, die zwischen 5,0 und 8,6 liegen, zeigen hingegen eine deutliche Abnahme vom Wald- bis zum Altackerprofil. Da die Braunhuminsäuren in allen Profilen den größeren Anteil der H1+2-Fraktion einnehmen, so ist wohl auch auf ihren Einfluß die gleichsinnige Tendenz der Q4/6-Werte in dieser zurückzuführen. Bei den Braunhuminsäuren zeigt sich also eine deutliche Komplizierung des Molekülaufbaues von den Wald- über die Jungacker- zu den Altackerprofilen. Daß auch innerhalb der Gesamtfraktion der Huminsäuren eine Komplizierung des Molekülaufbaues eingetreten ist, zeigt die Verengung des B/G-Verhältnisses bei der Komplexanalyse. Diese qualitative Verschiebung innerhalb der Huminsäuren hat dagegen wenig bis gar nicht das H/F-Verhältnis verändert.

## Zusammenfassung der Unterschiede zwischen den Wald- und Ackerprofilen

Alle Merkmale, in denen sich die untersuchten Ackerböden von den Waldböden unterscheiden, sind in Tabelle 7 zusammengefaßt. Einige davon haben die Wald- und Jungackerprofile gegenüber den Altackerprofilen noch gemeinsam, in anderen wieder unterscheiden sich die Ackerprofile gemeinsam von den Waldprofilen. In den meisten Fällen ist aber ein deutlicher Wandel vom Waldboden über den Jungacker zum Altacker festzustellen. Insgesamt gesehen ist der Einfluß der Ackerkultur auf die Bodenausbildung unverkennbar. Die Veränderungen bleiben allerdings vorwiegend auf den Oberboden beschränkt.

Die Beeinflussung des Bodens durch die Ackerkultur müssen wir uns bei den hier untersuchten Böden etwa folgendermaßen vorstellen. Den ersten entscheidenden Eingriff in das Bodengeschehen stellte die bei der Inkulturnahme einsetzende wendende Bearbeitung dar. Damit war eine Homogenisierung der oberen 20 cm sowie eine starke Durchlüftung dieser Schicht verbunden. Gleichzeitig wurde das natürliche Nährstoffgleichgewicht gestört, was zu einer starken Beanspruchung des Bodens führte. Wenn auch ein gewisser Ausgleich durch künstliche Zufuhr von Nährstoffen und Humus erfolgte, so ist die Geschwindigkeit der Umsetzungsvorgänge gegenüber dem Waldboden doch wesentlich gesteigert worden. Dies bedingte einen allmählichen Rückgang des Humusvorrates in den Jungackerprofilen, der nach 60jähriger Kultur vermutlich noch nicht zum Stillstand gekommen ist. Mit dieser Humusabnahme geht eine Verschlechterung der Feinstruktur im Oberboden einher. Die Grobstruktur hingegen wurde im Oberboden nur gegenüber dem $A_h$ der Waldböden verschlechtert, gegenüber dem $A_2$ aber verbessert. Mit der Verringerung der Humusmenge wird andererseits die Qualität der Humusstoffe verändert, was sich besonders in einer Verengung des C/N- und $C/P_o$-Verhältnisses, einer Verringerung des Anteiles der in Alkohol und Benzol löslichen Fraktion, einem größeren Anteil an Ca gebundenen Huminsäuren und in der Komplizierung des Molekülaufbaues der Huminsäuren zeigt. Gleichzeitig wurden durch die ständige Kalkzufuhr die Aziditätsverhältnisse verbessert. Bereits 60 Jahre nach Inkulturnahme sind Ca-Ionen bis ca. 70 cm Tiefe gewandert und haben die Sättigung und damit auch das pH um etwa eine Einheit angehoben. Es besteht aber in den Jungackerprofilen noch ein starker Abfall vom $A_p$ zum $A_2$-($gA_2$-)Horizont. Das charakterisiert vielleicht am deutlichsten den Zustand der Jungackerprofile. Der Einfluß der Ackerkultur bleibt bei diesen vorwiegend auf den $A_p$ beschränkt. Der restliche Oberboden und der Unterboden zeigen nur eine unbedeutende Abänderung der Merkmale des ehemaligen Waldbodens. Es besteht damit ein gewisser Widerspruch in den Eigenschaften zwischen $A_p$ und übrigem Boden. Das dynamische Gleichgewicht, das in den untersuchten Waldböden durch das Vorhandensein bestimmter korrelativer Merkmalsgruppen angezeigt wird, fehlt. Hierin unterscheiden sich die Jungackerböden grundsätzlich von den Wald-, aber auch von den Altackerböden. In den zuletzt genannten hat der Einfluß der Kulturmaßnahmen zu einer weitgehenden Homogenisierung des Oberbodens geführt. Im $A_p$ ist ein weiterer Rückgang, im $A_2$ ein kleiner Anstieg des Humusgehaltes zu beobachten. Dadurch gleichen sich die Humusverhältnisse im $A_p$ und $A_2$ einander an, was sich morphologisch in der Aufhebung des Farbunterschiedes zwischen beiden manifestiert. Gleichzeitig tritt eine weitere qualitative Verbesserung der Humuskomponente ein. Im gesamten Profil bis über 1,30 m Tiefe ist eine weitere Erhöhung der V- und pH-Werte festzustellen. Dadurch wird wiederum das Bodenleben angeregt, was zu einer intensiven Tätigkeit der Regenwürmer bis in den B-Horizont hinein führt. Die Grenze $A_2/B$ beginnt zu verwischen. Das herauftransportierte B-Material erhöht den Gehalt an Ton und freiem Eisen im $A_2$. Der Einfluß all dieser veränderten Eigenschaften bewirkt schließlich bei den Fahlerden von oben her eine Aktivierung und Verteilung des im $B_t$ in konzentrierten Anlagerungen vorhandenen Fließplasmas, so daß dieser Horizont den Charakter eines $B_{tv}$ der Parabraunerden annimmt.

Das ebenfalls untersuchte Grünlandprofil sei an dieser Stelle kurz erwähnt. Es gleicht noch in vielen Merkmalen dem benachbarten Waldprofil. So kann im $A_h$ nur ein mäßiger Humusabbau, im $A_2$ dagegen eine stärkere Humusanreicherung beobachtet werden. Dadurch ist der Humusgehalt im Oberboden — trotz relativ hoher Werte im $A_h$ — ausgeglichener als unter Wald. Die Sättigungs- und damit auch die pH-Verhältnisse sind etwas verbessert. Innerhalb des $A_h$-Horizontes ist außerdem eine starke Veränderung in der Eisenverteilung festzustellen. Bei etwa gleichbleibendem Gehalt findet eine Konzentrierung von $Fe_2O_3$ in Form vieler kleiner Flecken statt, die im Dünnschliff nur an den Randzonen schwach aufleuchten. Morphologisch gleicht dieser Horizont — abgesehen vom höheren Humusgehalt — einem g-Horizont.

## Klassifikationsmöglichkeiten

Wie wir gesehen haben, unterscheiden sich die untersuchten Ackerböden mehr oder weniger, insgesamt aber deutlich von den benachbarten Waldböden. EHWALD (27), NOVAK (28), NADZDIN (29), GANSSEN (31) u. a. weisen mit Recht auf die Notwendigkeit einer stärkeren Berücksichtigung der durch die Kultivierung veränderten Eigenschaften bei der Klassifikation der Böden hin. In welcher Form soll dies aber geschehen? Wir sind der Ansicht, daß man versuchen sollte, auch bei den landwirtschaftlich genutzten Böden genetische Prinzipien zugrunde zu legen. Wir sind ferner der Ansicht, daß man dabei im gleichen Sinne vorgehen sollte wie bei der Klassifikation der Naturböden. Eine grundsätzliche Aufteilung in Natur- und Kulturböden[1], wie sie beispielsweise von GANSSEN (31) schon in den höheren Kate-

[1] Auch MÜCKENHAUSEN (30) baut beide Bodengruppen in ein genetisches System ein.

Tabelle 7

Unterscheidungsmerkmale von Wald- und Ackerböden im nordsächsischen Lößgebiet

| Merkmale | Wald | Jungacker | Altacker |
|---|---|---|---|
| **$A_h$- bzw. $A_p$-Horizont** | | | |
| Farbe | dunkelbraungrau (10YR2–3/2) | mittelbraungrau (10YR4–5/2) | mittelgraubraun (10YR5/3) |
| Dünnschliffbild | hohlraumreich | dichter, Riß-Hohlräume | wie im Jungacker |
| AK der mineralischen Substanz | gering | wie unter Wald | etwas höher |
| Humusgehalt | sehr hoch (6–15%) | mittel (2–3%) | gering (< 2%) |
| C/N | weit (> 15) | enger (12–13) | eng (9–10) |
| $C/P_0$ | weit (> 100) | enger (80–90) | eng (< 80) |
| UK des Humus | niedrig | wie unter Wald | höher |
| Anteil der A + B-Fraktion am $C_t$ | hoch (> 10%) | mittel (6–7%) | niedrig (5%) |
| Anteil der $F_1$ am $C_t$ | mittel | wie unter Wald | etwas niedriger |
| Anteil der $H_2$ an H | ~0 | mittel | höher als unter Jungacker |
| Verhä. B/G | weit (6–8) | eng (~4) | eng (~4) |
| Q4/6 der B-Fraktion | weit | mittel | eng |
| Übergang $A_p/A_2$ bzw. $A_p/gA_2$ | – | scharf | undeutlich |
| **$A_2$- bzw. $gA_2$-Horizont** | | | |
| Farbe | fahlbraun (10YR6/4) | wie unter Wald | mittelgraubraun (10YR5/3) |
| Tongehalt | 10–15% | wie unter Wald | im unteren Teil höher |
| Sättigung | gering (5–15%) | mäßig (30–45%) | hoch (70%) |
| Humusgehalt | niedrig | sehr niedrig | niedrig |
| $C/P_0$ | mittel | eng | eng |
| Übergang $A_2/B$ | deutlich | wie unter Wald | undeutlich |
| **B- bzw. gB-Horizont** | | | |
| Gliederung in Subhorizonte | vorhanden | wie unter Wald | morphologisch verwischt |
| Tonhäutchen | deutlich | wie unter Wald | undeutlich (‚verflossen‘) |
| Doppelbr. Gefügeplasma in den Fahlerden | deutlich begrenzte Anhäufungen | wie unter Wald | beginnende diffuse Verteilung (beweglich) |
| **Oberboden/Gesamtprofil** | | | |
| Humusmenge t/ha (40 cm tief) | hoch (120 bis 160) | mittel (80 bis 105) | niedrig (60–95) |
| Humusmengenquotient | weit (5–11) | mittel (> 4) | eng (3) |
| freies $Fe_2O_3$ im Oberboden | niedrig (0,6 bis 1,0%) | wie unter Wald | höher (0,9–1,3%) |
| pH (KCl) | stark sauer und ausgeglichen (< 4) | sauer und unausgeglichen (4–5) | schwach sauer und ausgeglichen (5–6) |
| Tiefe der Aziditätsverb. | – | 70–100 cm | > 130 cm |
| Gehalt an laktatlösl. $P_2O_5$ und $K_2O$ (außer $A_p$) | niedrig | mittel | niedrig |
| Regenwurmtätigkeit | kaum (selten im $A_h$) | mäßig (im $A_p$ u. im oberen Teil des $A_2$ bzw. $gA_2$) | stark (bis in den B bzw. gB hinein) |

gorien durchgeführt wird, kann nicht unterstützt werden. Natürliche und kulturliche Einflüsse lassen sich streng genommen gar nicht voneinander trennen, da ja der Mensch nur eine Veränderung der Konstellation der „natürlichen“ Bodenbildungsfaktoren, aber keine Umwandlung in „kultürliche“ bewirkt. Diese Veränderung kann, wie EHWALD (32) bereits betonte, unter dem Einfluß menschlicher Maßnahmen allerdings sehr schroff vonstatten gehen.

In den von uns untersuchten Böden wird die Entwicklung durch den Einfluß der Ackerkultur in Richtung der Parabraunerde gedrängt[1] und nicht in Richtung des Tschernosioms, wie auch noch andere von uns durchgeführte Untersuchungen zeigen. Es findet also unter dem Einfluß der Ackerkultur bei den typischen Fahlerden und Pseudogleyen eine Retrogradierung zur Parabraunerde statt. So können die von uns untersuchten Altackerböden der Fahlerdevergleiche bereits als Parabraunerden angesprochen werden. Dort aber, wo dieser Ausprägungsgrad ursprünglich, d. h. vor der Kultivierung, bereits vorhanden war (z. B. bei den hier nicht näher behandelten tschernosiomartigen Parabraunerden des Lommatzscher Gebietes), hält er sich nahezu unverändert. Schwieriger ist die Einstufung der Jungackerböden. Wenn auch in diesen der Charakter des ehemaligen Waldbodens noch stärker als in den Altäckern hervortritt, so fehlen doch schon einige der wesentlichen Merkmale, wie Moderauflage, Mächtigkeit und Azidität des $A_h$-Horizontes usw., und außerdem tritt ein neues, bodentypenfremdes Merkmal, nämlich der $A_p$-Horizont, auf. Die Berücksichtigung dieser Veränderungen müßte daher unserer Meinung nach bereits auf der Subtypenebene erfolgen, aber noch innerhalb der durch die natürlichen Bedingungen vorgezeichneten Bodenbildungsstufe. Wählt man eine niedrigere Kategorie, wie es beispielsweise bei vielen sowjetischen Forschern und auch in der neuen Systematik der Böden Deutschlands[2] wieder gehandhabt wird, so würde den Oberbodenveränderungen zu wenig Rechnung getragen.

Ein weiteres Problem stellt die Benennung derartiger Ackerboden-Subtypen dar. Am besten wäre die Verwendung eines Begriffes, der den veränderten Charakter der obersten Bodenschicht ($A_p$) zum Ausdruck bringt.[3] In Ermanglung einer geeigneteren Bezeichnung soll vorläufig das Wort „Acker“ gebraucht werden. Die Fahlerde-Jungackerböden würden beispielsweise Ackerfahlerden[4] und die stark veränderten Altäcker Ackerparabraunerden heißen. Dies würde keine Rückkehr zur Faktorenklassifikation bedeuten, sondern die Bezeichnung „Acker“ wäre hier als Sammelbegriff für die genetischen Veränderungen sowie spezifischen neuen Bodenmerkmale dieser oberen Schicht zu verstehen. Deshalb birgt die Verwendung des Wortes Acker auch nicht die Konsequenz in sich, nun ebenfalls das Wort „Wald“ in die Bodennamen einzubeziehen. Die Entwicklung der Fahlerden und Pseudogleye ist eben ohne Waldvegetation nicht denkbar, sie gehört unter natürlichen Bedingungen bei diesen dazu.

Unter Einbeziehung nicht nur der in dieser Arbeit beschriebenen, sondern aller bisher von uns untersuchten Böden ergeben sich durch den Einfluß der Ackerkultur die in Abbildung 7 dargestellten Abwandlungstendenzen.

[1] KOWALINSKI und KOLLENDER-SZYCH (35) kamen bei ihren sehr interessanten Untersuchungen zu dem gleichen Ergebnis. Die Entwicklung führte vom Podsol (entspr. unserer Fahlerde) unter Wald über den Postpodsol (entspr. unserer Ackerfahlerde) zur anthropogenen Braunerde (entspr. unserer Ackerparabraunerde) unter Acker.

[2] Nach einer Rücksprache mit Herrn Prof. Dr. Dr. MÜCKENHAUSEN soll auf Grund der vorliegenden Untersuchungen in einer der nächsten Sitzungen der Komm. V. der DGB diese Frage nochmals überprüft werden.

[3] AMERYCKX (33) spricht bei kultivierten Podsolen z. B. von Postpodsolen.

[4] Diese Ackerfahlerden würden den mittelkultivierten bzw. kulturbeeinflußten Böden der sowjetischen Bodenkundler entsprechen.

Die in der Darstellung wiedergegebenen Bodeneinheiten stellen Subtypen dar. In der zweiten Reihe stehen die unter natürlichen Bedingungen entstandenen, in der 3. und 4. die unter dem Einfluß der Ackerkultur sich daraus entwickelten Böden. In der ersten Reihe ist angegeben, auf welchem Würm-(W-)Löß sich die Böden entwickelt haben (2). Eine weitere Kennzeichnung, d. h. die Benennung noch niederer Kategorien, muß sich nach den Erfordernissen richten. Für wissenschaftlich-

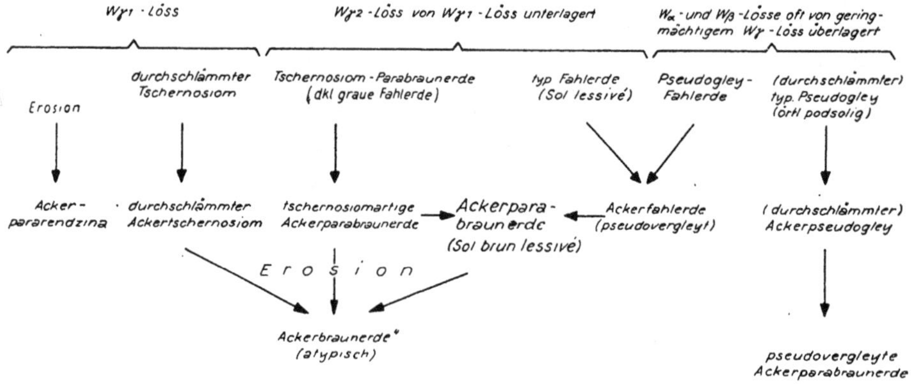


Abb. 7

systematische Zwecke würde man bestimmte Ausprägungsgrade, Sättigungsverhältnisse, Gesteinsvarianten, Bodenarten u. a. m. hinzufügen. Beim Nelkanitzer Jungackerprofil würde es dann beispielsweise heißen: Ackerfahlerde auf Löß; mäßig durchschlämmt, mittlere Sättigung. Die Praxis wird diese zusätzliche Kennzeichnung nicht in allen Fällen interessieren. Hier wäre es vielleicht zweckmäßiger, zum Subtyp nur die Bodenart hinzuzusetzen. Dabei würde man mit der Angabe einer mittleren Bodenart nur dort auskommen, wo kein bedeutender Texturwechsel vom Ober- zum Unterboden vorhanden ist. Bei einer stärkeren Texturdifferenzierung, etwa ab mehr als eine Einheit, müßten beide Bodenarten berücksichtigt werden. Die Benennung würde dann etwa lauten: Ackerfahlerde; lehmiger Schluff (47 cm) über tonigem Schlufflehm bzw. lehmiger Schluff/toniger Schlufflehm. Damit wäre neben den genetischen Merkmalen, die für den praktischen Landwirt durch den Subtyp hinreichend gekennzeichnet wären, sowohl die Bodenart als auch die Stärke der Texturdifferenzierung charakterisiert. Aus dieser Bezeichnung kann man auf viele Bodeneigenschaften, insbesondere im Hinblick auf die Fruchtbarkeit, Bearbeitbarkeit, Wasserführung, Meliorationsbedürftigkeit usw. schließen. Sie ist verhältnismäßig kurz und kann andererseits durch weitere Zusätze jederzeit erweitert werden, wie z. B. durch Hinzufügen von: mittlere Sättigung, schroffer Wechsel im Humusgehalt usw.

## Folgerungen für die landwirtschaftliche Praxis

Solange die Sättigungswerte noch niedrig liegen, ist eine öfters zu wiederholende Gesundungskalkung empfehlenswert. Alle hier beschriebenen Ackerböden würden auf jeden Fall eine stärkere Kalkung vertragen. Die Abnahme der Humusmenge in den obersten 22 cm, die nach der Inkulturnahme vor sich geht, kann nur wenig beeinflußt werden. Sie stellt sich im Laufe der Zeit von selbst auf einen vermutlich klimaabhängigen Wert ein. Die damit gekoppelte Qualitätsverbesserung der organischen Komponente kann vielleicht durch Zufuhr entsprechender qualitativ hochwertiger organischer Dünger verstärkt werden. Eine in gewissen Abständen wiederholte Tiefenlockerung würde den Wurzeln ein leichteres Eindringen in den meist plattig gelagerten (verdichteten) $A_2$-($gA_2$-)Horizont ermöglichen. Die Folge wäre u. a. eine verstärkte Humusanreicherung in diesem Horizont, was den Humusausgleich im Oberboden wesentlich fördern würde. Damit aber ist gleichzeitig eine der Grundlagen (neben der der Erhöhung der Sättigungswerte) dafür geschaffen, daß die Bodentiere ihre Tätigkeit auf tiefere Zonen ausdehnen können. Die dadurch wiederum bewirkte Auflösung der schroffen Texturgrenze kann sich nur vorteilhaft auf Wasser-, Luft- und Wärmehaushalt auswirken. Eine tiefergreifende wendende Bodenbearbeitung wäre in Jungackerböden nicht zu empfehlen, da das $A_2$-($gA_2$-) Material sehr nährstoff- und humusarm ist, so daß mehrere Jahre mit einem Ertragsrückgang zu rechnen wäre. Für die Altackerböden hingegen ist eine vorsichtig durchgeführte, allmählich tiefergreifende Wendung des Bodens nicht abzulehnen, weil der $A_2$-Horizont bereits verbessert wurde. Außerdem ist bei diesen Böden ein mehr oder weniger großer Teil des Oberbodens abgetragen worden (Erosion), so daß der Pflug oft schon die obersten Partien des B-Horizontes und damit ein relativ nährstoffreiches und sorptionskräftiges Material erfaßt.

Für die gewissenhafte Mitarbeit bei der Durchführung der Analysen sei an dieser Stelle meiner Frau sowie Fräulein Pforte, Frau Schneider und Fräulein Minske recht herzlich gedankt.

## Zusammenfassung

An drei verschiedenen Stellen im nordsächsischen Lößgebiet wurden zwei typische Fahlerden *(Sols lessivés)* und ein typischer Pseudogley unter Wald mit unmittelbar benachbarten Jung- und Altackerböden verglichen. Die deutlichsten Unterschiede in makro- und mikromorphologischer sowie analytischer Hinsicht ließen sich in den $A_p$- gegenüber den Wald-$A_h$-Horizonten ermitteln. Die $A_2$-Horizonte wurden in den Jungackerböden nur schwach, in den Altackerböden aber stärker abgewandelt. Der mehr oder weniger scharfe Übergang vom $A_2$- zum B-Horizont verwischt mit der Dauer der Ackerkultur. Die $B_t$-Horizonte der Jungäcker wichen kaum von denen der Waldböden ab. In den Altäckern hingegen waren Veränderungen in der Verteilung der Tonhäutchen zu erkennen. Insgesamt gesehen wird durch den Einfluß der Ackerkultur die Entwicklung der von uns untersuchten Böden in Richtung der Parabraunerde *(Sol brun lessivé)* gedrängt.

Bei der Klassifikation von landwirtschaftlich genutzten Böden sollten genetische Prinzipien zugrunde gelegt werden. Die Berücksichtigung der durch die Ackerkultur bewirkten Abwandlungen müßte bereits auf der Subtypenebene erfolgen. Als Sammelbegriff für die genetischen Veränderungen sowie spezifischen neuen Bodenmerkmale in der obersten Bodenschicht von Ackerböden wird das Wort „Acker" vorgeschlagen und jeweils den bereits bekannten Subtypenbezeichnungen vorangestellt. Die weitere Kennzeichnung der Böden unterhalb des Subtyps könnte je nach den Erfordernissen durchgeführt werden, d. h., für wissenschaftliche Zwecke wären z. T. andere Merkmale als für praktische Zwecke heranzuziehen. Vorgeschlagen wird für praktische Belange das Hinzufügen der Bodenart zum Subtyp, z. B.: Ackerfahlerde; lehmiger Schluff / toniger Schlufflehm.

Aus den Untersuchungen ergeben sich einige Folgerung für die Behandlungen gleichartiger Böden in der Praxis, die kurz angedeutet werden.


## Резюме

На трех местах северной Саксонской лессовой области сравнивались две типичные Fahlerden (Sols lessivés) и типичная Pseudogley под лесом со смежными профилями почв, недавно взятых под культуру и старопахотных почв. Самые четкие разницы в макро- и микроморфологическом, а также в аналитическом отношениях были обнаружены в горизонтах $A_p$ по сравнению с горизонтами $A_h$ леса. Горизонты $A_2$ в почвах, недавно взятых под культуру изменились лишь слабо, а в старопахотных почвах-сильнее. Более или менее резкий переход от горизонта $A_2$ к горизонту B исчезает при продолжительном сельскохозяйственном использовании пашни. Горизонты $B_t$ в почвах, недавно взятых под культуру, почти не отличались от таковых в лесных почвах. В старопахотных почвах, напротив, отмечались изменения в распределении глинистых пленок (clay skins). В общем под влиянием агрикультуры развитие исследованных нами почв происходит по направлению Parabraunerde (Sol brun lessivé).

При классификации сельскохозяйственных почв следовало бы в основу её положить генетические принципы. Обусловленные агрикультурой изменения надо учитывать уже на уровне субтипа. В качестве собирательного понятия для генетических изменений, а также для специфических новых почвенных признаков в верхнем слое полевых почв предлагается ставить слово „Acker" перед уже известными обозначениями субтипов. Дальнейшую характеристику почв ниже субтипа можно было бы проводить смотря по потребности, т. е. для научных целей привлечь отчасти другие признаки, чем для практических. Для практических целей предлагается добавить вид почвы к субтипу, напр.: суглинистая пыль глинистый пылеватый суглинок (Ackerfahlerde; lehmiger Schluff / toniger Schlufflehm.

Из исследований вытекают некоторые выводы для обращения с однородными почвами в практике, которые в данной работе коротко указываются.



## Summary

At three different places in the north-Saxon Loess-region two typic *Fahlerden* (*Sols lessivés*) and a typic *Pseudogley* under forest were compared with directly neighboured young- and old-field soils. The most distinct differences macro- and micromorphologically as analytically were found in the $A_p$-horizons in comparison with the forest $A_h$-horizons. The $A_2$-horizons were only weakly varied in the young-field soils, but greater in the old-field soils. The more or less distinct transition from the $A_2$- to the B-horizons vanishes with the length of agriculture. The B-horizons of the young fields hardly differed from those of the forest soils. But in the old-fields it was possible to remark variations in the distribution of the clay skins (coatings). Generally the development of the soils examined by us is pushed in the direction of the *Parabraunerde* (*Sol brun lessivé*) by the influence of agriculture.

On classification of soils agriculturally used genetic principles should be taken as basis. The consideration of the variations happened by agriculture must already take place on the level of the *Subtyp*. As collective term for the genetic variations and the specific new characters of soil in the supreme soil layer of field soils the term „*Acker*" is proposed and is placed in front of the *Subtyp* terms already known. The further distinction of soils below the *Subtyp* could be carried out according to requirements, that means, for scientific purposes other characters should be quoted than for practical purposes. It is proposed for practical requirements to add the soil texture to the *Subtyp*, for instance *Ackerfahlerden;* light silt loam / light silty clay loam.

From the examinations some conclusions for the treatment of homogeneous soils in practice result, which are shortly mentioned.

## Literaturverzeichnis


1. LIEBEROTH, I.: Über die Bodenentwicklung auf Löß in Nordsachsen. Sbornik CAZV 1960, **6**, 875—80
2. LIEBEROTH, I.: Die Stratigraphie der sächsischen Lösse, ein Beitrag zur Würmchronologie. VI. INQUA-Congreß, Abstracts of Papers p. 24, Poland 1961 — Die jungpleistozänen Lösse Sachsens im Vergleich zu denen anderer Gebiete. Peterm. Geogr. Mitt. (i. Druck)
3. RICHTER, A., und Mitarb.: Untersuchungen zur Entwicklung der Waldverbreitung in den ehemaligen Ländern Sachsen und Mecklenburg. (Forschungsabschlußbericht des Instituts für Forstwissenschaften Eberswalde 1961.) OBERREIT: Topographischer Atlas des Königreiches Sachsen (1821—1845). OEDER-ZIMMERMANN: Atlas vom Kurfürstentum Sachsen (Ende des 16. Jh.)
4. LIEBEROTH, I.: Beobachtungen im nordsächsischen Lößgebiet. Z. Pflanzenernähr., Düng., Bodenkde. 1959, **86**, 141—155
5. TAVERNIER, R., und A. PÉCROT: L'homme et l'evolution du sol en Belgique. Pedologie 1957, **VII**, 226—31
6. ALTEMÜLLER, H. J.: Bodentypen aus Löß im Raume Braunschweig und ihre Veränderungen unter dem Einflusse des Ackerbaues. 1957, Diss. Bonn
7. DELECOUR, F., und R. PHILIPPOT: Evolution d'un profil forestier sous l'influence de la culture. Pedologie 1957, **VII**, 234—38
8. GRIGOR'EV, G. J.: Diagnostische Kennzeichen verschiedenen Kultivierungsgrades bei Dernopodsolböden. Bodenkunde (russ.) 1960, Nr. 6, 53—65
9. NAIJMR, S.: Der Einfluß langjähriger Kultivierung auf entwicklungsmäßige Veränderungen von Ackerböden (podsolierte Böden). Für die soz. Landwirtsch., Serie A, 1956, **V**, 219—26
10. NAIJMR, S.: Veränderungen in der Entwicklung des Ackerbodens unter der Einwirkung der Kultivation. Sbornik 1956, **XXIX**, 249—68
11. NOVÁK, V.: Das Problem der Typologie von Kulturböden. Für die soz. Landwirtsch., Serie **A**, 1956, **3**, 215—18
12. NOVÁK, V.: Das Kultivieren von Böden der Tschechoslowakischen Republik. Sbornik CAZV 1960, **6**, 883—92
13. SCHROEDER, D.: Untersuchungen über Verwitterung und Bodenbildung an Lößprofilen. 1954, Habil-Schr. Hannover
14. WASHENIN, I. G.: Die agrikulturchemische Charakteristik der Rasenpodsolböden bei verschiedenem Kulturzustand im Kalingrader Gebiet. Bodenkunde (russ.) 1957, Nr. 6, 63—73.
15. DUDAL, R., und P. J. LIVENS: De l'influence de la mise en culture sur le degré saturation et la morphologie de sols sur limon lessique V. Intern. Congr. of Soil Sc., Léopoldville 1954, V, 368—73

16. HOBBS, J. A., und P. L. BROWN: Veränderungen von Stickstoff und organischem Kohlenstoff in kultivierten Böden von West-Kansas. Agric. Exp. Stat. Kansas, techn. Bull. 1957, Nr. 29, 1–48
17. GROMYKO, I. D., u. a.: Die Fruchtbarkeit von natürlichen und seit langer Zeit gepflügten Böden des nördlichen Kasachstan. Bodenkunde (russ.) 1958, Nr. 7, 49–57
18. KONONOVA, M. M.: Die Humusstoffe im Boden. 1958, Berlin, Verl. d. Wiss.
19. LAATSCH, W.: Dynamik der mitteleuropäischen Mineralböden. 1957, 4. Aufl., Dresden u. Leipzig
20. ULRICH, B., und J. H. BENZLER: Der organisch gebundene Phosphor im Boden. Z. Pflanzenernähr., Düng., Bodenkde. 1955, **70**, 220–49
21. KAILA, A.: Über organisch gebundene Phosphorsäure in landwirtschaftlich genutzten Böden. Valt. maatol. julk. 1948, Nr. 129
22. BOHNE, H.: Über den Gehalt einiger Böden an organischem Phosphor. Z. Pflanzenernähr., Düng., Bodenkde. 1953, **62**, 97–101
23. TIURIN, I. V.: Einige vergleichende Untersuchungsergebnisse über die Zusammensetzung des Humus in den Böden der UdSSR. — Ein vergleichendes Studium zur Methodik der Analysen des Bodenhumus. Arb. Dokuca'ev-Inst. 1951, **38**, 5–32
24. WELTE, E.: Über die Bestimmung des Kohlenstoffes auf oxydimetrischem Wege. Z. Pflanzenernähr., Düng., Bodenkde. 1955, **70**, 26–34
25. LEVIN, F. I.: Die Veränderung der Humuszusammensetzung in Dernopodsolen bei ihrer Kultivierung. Bodenkunde (russ.) 1959, Nr. 9, 85–89
26. SCHEFFER, F., und H. SCHLÜTER: Über Aufbau und Eigenschaften der Braun- und Grauhuminsäuren. Z. Pflanzenernähr., Düng., Bodenkde. 1959, **84**, 184–93
27. EHWALD, E.: Über einige Grundfragen der bodenkundlichen Forschung. Sitz.-Ber. Dt. Akad. Landwirtsch. — Berlin 1955, **IV**, H. 12
28. NOVAK, V.: Über die Notwendigkeit einer typologischen Revision der Kulturböden. Acta univ. agric. et silv. Brno 1955, H. 2, 125–134
29. NADZDIN, B. V.: Zur Frage der Klassifikationsprinzipien anthropogener Böden. Bodenkunde (russ.) 1960, Nr. 1, 64–71
30. MÜCKENHAUSEN, E.: Die wichtigsten Böden der Bundesrepublik Deutschland. 1959, Frankfurt a. M.
31. GANSSEN, R.: Versuch einer vorläufigen genetischen Gliederung von Kultur- und Wirtschaftsböden. Z. Pflanzenernähr., Düng., Bodenkde. 1959, **87**, 201–12
32. EHWALD, E.: Das Problem der Bodenentwicklung. Ber. u. Vortr. Dt. Akad. Landwirtsch.-Wiss. Berlin 1960, **IV**, 67–97
33. AMERYCKX, J.: La pedogenese en Flandre soblonneuse. Pedologie 1960, **X**, 124–190
34. LARUELLE, Jac.: Micromorphologie des sols de la Belgique. Pedologie 1958, **VIII**, 73–102
35. KOWALINSKI, ST., und A. KOLLENDER-SZYCH: Einfluß der Bodennutzung auf die Umwandlung von morphologischen und physikochemischen Eigenschaften. Zesz. Nauk. Wyzs. Szkoły Roln. we Wrocławiu **VII**, 57–67 (1959).
36. KOWALINSKI, ST.: Differentiation of morphological, physical and chemical properties of black earths as an effect of change of their utilization. Zesz. Nauk Wyzs. Skoły Roln. we Wrocławiu **X**, 103–117 (1960)

Aus dem Institut für Acker- und Pflanzenbau der
Martin-Luther-Universität Halle-Wittenberg
(Direktor: Prof. Dr. G. KÖNNECKE)

A. BANNEICK und V. EHRENPFORDT

# Methodik und Probleme des exakten Leistungsvergleichs von diploidem und tetraploidem Roggen

Eingegangen: 17. 7. 1961

## Züchtung und Methoden zur Leistungsprüfung

Diploider Roggen besitzt 2n = 14 Chromosomen. Unter Anwendung der Kolchizinmethode gelang es, die einzelnen Chromosomensätze zu verdoppeln und so den autotetraploiden Roggen mit der Chromosomenzahl 4n = 28 zu schaffen.

Das Zuchtziel entspricht im wesentlichen dem des diploiden Roggens, so daß in der Leistungsprüfung beide Roggenformen miteinander zu vergleichen sind. Tetraploider Roggen soll außer dem höheren Ertragspotential Eigenschaften aufweisen, die bei der Züchtung der diploiden Form bisher noch nicht genügten. Dazu gehört einmal die höhere Standfestigkeit und in Verbindung damit die verbesserte Mähdruschfähigkeit. Ein zweites Zuchtziel für den tetraploiden Roggen wäre das Erreichen der Weizenerträge auf guten Böden. Dieses Ziel ergab sich zwangsläufig durch die an verschiedenen Zuchtstätten festgestellten höheren Ansprüche des 4n-Roggens, mit denen er eigentlich automatisch als „Konkurrent" des 2n-Roggens auf Böden, die für den Roggenbau prädestiniert sind, ausscheidet. Als drittes Zuchtziel tritt in der letzten Zeit immer mehr die Frage nach der Grünfuttereignung in den Vordergrund. Der kräftige, breitblättrige Wuchs der tetraploiden Pflanzen gibt bei entsprechender züchterischer Bearbeitung einige Aussicht auf Erfolg.

In den folgenden Darlegungen, die auf Ergebnissen von Umfragen in verschiedenen Zuchtstationen sowie eigenen Untersuchungen basieren, sollen im wesentlichen nur die aus dem ersten Zuchtziel sich ergebenden Probleme um den exakten Leistungsvergleich (Kornertrag) von diploidem und tetraploidem Roggen behandelt werden. Dieser Vergleich ist nicht nach der sonst üblichen Methode im geschlossenen Feldversuch möglich. Ein benachbarter Anbau der beiden Roggenformen führt zu wechselseitiger Befruchtung, infolge der Entstehung triploider, abortiver Embryonen zu erheblicher Schartigkeit und damit sowohl beim 4n- als auch 2n-Roggen zu absinkenden Erträgen. Zur Vermeidung derartiger Schäden, die einen exakten Vergleich unmöglich machen, sind die Varianten isoliert anzubauen. Nach den bisherigen Erfahrungen werden 300 m als Mindestabstand angesehen, doch scheinen sich die Fertilitätsstörungen nach schwedischen Untersuchungen bereits bei wesentlich geringeren Entfernungen (50 m) in Grenzen zu halten (HAGBERG, zit. bei ANDERSEN, 1956).

Die Prüfmethoden lassen sich untergliedern in direkte Vergleiche, bei denen die absoluten Erträge direkt gegeneinander aufzurechnen sind, und indirekte Vergleiche, die über Standardparzellen vorgenommen werden.

### 1. Direkte Vergleiche

a) Um Einzelversuche direkt miteinander vergleichen zu können, wurde von PLARRE (unveröff.) bei Vergleichsprüfungen des Instituts für Pflanzenzüchtung der

Universität Halle in Hohenthurm 1951—1954 folgende Methode angewendet: In einem Weizenfeld von ca. 20—30 ha Größe mit einheitlichen Bodenverhältnissen werden eine Anzahl von diploiden und tetraploiden Parzellen (je ca. 12 bis 20 m² + Mantelsaat zur Pollenlieferung) eingestreut. Die Verteilung der Teilstücke hat unter Beachtung genügender räumlicher Isolierung willkürlich zu erfolgen. Nach dieser in gewisser Weise als Streuversuch zu bezeichnenden Anordnung läßt sich eine direkte Gegenüberstellung der Erträge vornehmen und je nach Größe der Streuung der Einzelparzellen eine variationsstatistisch signifikante Aussage treffen.

Dieser theoretisch einwandfreien Methode stellten sich in praxi folgende Schwierigkeiten entgegen:

1. Sie ist nur auf guten Böden durchführbar, jedoch nicht in absoluten Roggenlagen. Wintergerstenschläge scheiden wegen der frühen Erntetermine aus.

2. Technische Schwierigkeiten: Die optimalen Drilltermine lassen sich nur schwer vereinen. Da die Roggenparzellen erst nach Bestellung des Weizens gedrillt werden können, kommen sie entweder zu spät oder der Weizen zu früh in den Boden. Ebenfalls ergeben sich bei Pflege und Ernte Differenzen zu den Arbeiten auf dem Wirtschaftsschlag.

b) Als relativ einfache Methode des direkten Vergleiches von 2n- und 4n-Roggen in Einzelversuchen schlagen wir eine zweiseitige Einfriedung der Parzellen mit Isolierwänden aus Plastikfolie vor, wie sie in verschiedenen Zuchtstationen zur Prüfung von C-Stämmen bei Fremdbefruchtern benutzt werden. Der Versuch ist zu dem Zweck in Reihenanordnung senkrecht zur Hauptwindrichtung anzulegen, so daß die ca. 2 m hohen Trennwände in Hauptwindrichtung stehen. Eine Bestäubung durch Nachbarparzellen ist zwar nicht völlig ausgeschlossen, wird aber weitgehend unterdrückt, und das Ertragsbild erscheint uns wesentlich weniger verzerrt als bei räumlich getrenntem Anbau. Ob dieses Verfahren bereits zu Leistungsvergleichen von diploidem und tetraploidem Roggen Anwendung gefunden hat, ist uns nicht bekannt.

c) Bisweilen wird auch der direkte Vergleich nebeneinanderstehender diploider und tetraploider Roggenparzellen vorgeschlagen mit der Begründung, daß in diesem Falle ja die Sterilität beider Roggenformen ansteige. Nach Untersuchungen von zu LÖWENSTEIN (1952), ANDERSEN (1956) u. a. nimmt aber die Schartigkeit nach Kreuzbestäubung beim 4n-Roggen wesentlich stärker zu als beim 2n-Roggen. Vergleiche dieser Art können daher zu erheblichen Fehlschlüssen führen.

d) Aus der Zusammenstellung von Versuchsserien läßt sich ein ausreichend exakter Überblick über die Leistungsfähigkeit der beiden Roggenformen gewinnen, sofern eine größere Anzahl vergleichbarer Einzelversuche vorliegt (BANNEICK, 1958; MEINX, 1960). Unter „vergleichbar" ist zu verstehen, daß jeweils diploider und tetraploider Block aller zusammenzufassenden Versuche unter gleichen Bedingungen (Abstand, Boden, Vorfrucht, Versuchsmethode) zum Anbau kamen. Bei Wiederholungen von Versuchen über Jahre bzw. mehrere Orte sind hinsichtlich der Aussagekraft des Ergebnisses die gleichen Faktoren maßgebend wie für die Wiederholungszahl von Einzelversuchen. Da in diesem speziellen Falle stets mit einem größeren Bodeneinfluß als bei zusammenhängenden kleinflächigen Prüfungen zu rechnen ist, müssen als Mindestforderung für eine einigermaßen signifikante Aussage 6 Versuche verlangt werden.

e) Eine weitere Möglichkeit, um aus einer Vielzahl von Einzelerträgen die Leistungsfähigkeit der beiden Roggenformen zu ermitteln, bietet die Großflächenmethode. Unter Beachtung der räumlichen Entfernung und unter annähernd gleichen Umweltbedingungen sind 2n- und 4n-Roggenschläge von jeweils $^1/_2$ bis 1 ha Größe zu bestellen. Allerdings gibt erst die Anlage solcher „Großflächenstreuversuche" (SPECHT und MÜLLER, 1960) an einer Vielzahl von Orten eine exakte Auswertungsmöglichkeit. Nach ungarischen Untersuchungen sind zu einer statistisch gesicherten Ermittlung von Ertragsunterschieden zwischen 5—10% Daten aus 20—40 Versuchsbetrieben erforderlich (SVÁB, 1957). Die größere Bodenstreuung zwischen den beiden Roggenvarianten bedingt eine noch höhere Anzahl von Einzelwerten.

f) Eine Abänderung der unter e) angeführten Methode wird von der Züchtungsstation des „Centraal Bureau" in Hoofddorp (Holland) vorgeschlagen. Danach sollen die bei räumlich getrenntem Anbau auftretenden Bodenunterschiede dadurch kompensiert werden, daß die Versuche 2jährig auf den gleichen Feldschlägen zum Anbau gelangen. Das Feld, welches im ersten Jahre 2n-Roggen trug, erhält im nächsten Jahre 4n-Roggen und umgekehrt. In Mitteleuropa schwankt jedoch die Witterung von Jahr zu Jahr erheblich, es treten hohe Wechselwirkungen zum Bodeneinfluß auf, so daß Sortendifferenzen nach diesem Verfahren auch erst bei langjähriger Prüfung einigermaßen fehlerfrei erfaßt werden.

## 2. Indirekte Vergleiche

Nachdem die Schädigungen durch Kreuzbestäubung der beiden Roggenformen erkannt worden waren, ging man sehr bald dazu über, den getrennt anzulegenden Leistungsprüfungen bestimmte Vergleichsfruchtarten — vorwiegend Selbstbefruchter — sowohl im diploiden als auch im tetraploiden Block anzufügen. Durch Bezug der Varianten auf diese Standards sollen die unterschiedlichen Einflüsse des Bodens eliminiert und somit bessere Vergleiche erzielt werden. Ihnen haften grundsätzlich die gleichen Fehlerquellen an, wie sie bei der bekannten „Standardmethode" im Feldversuchswesen diskutiert wurden (Übertragung der Streuung der Standardparzellen). Trotzdem ist dieses Verfahren am weitesten verbreitet und kommt in den meisten Ländern, die Tetraroggen prüfen, zur Anwendung.

a) Weizenstandard: In Schweden verwendete MÜNTZING (1951) 2 Weizensorten („Ergo" und „Skandia III") als Standards, stellte aber auf Grund der Erfahrungen aus den Jahren 1946—1950 fest, daß der Weizen in diesen Versuchen leicht auswintert und im Vergleich zu Roggen im Ertrag sehr schwankt. ANDERSEN (1956) bezog in 5jährigen dänischen Untersuchungen jeweils auf nur eine Weizensorte („Skandia III"). In Westdeutschland wurden 1950 die amtlichen Wertprüfungen mit der Weizensorte „Carsten V" als Standard durchgeführt (ROGNER, 1953). Über unbefriedigende Ergebnisse beim Ertragsvergleich über einen Weizenstandard berichtet MEINX (1960). Neben der unterschiedlichen Reaktion trat hier noch ein erheblicher Fußkrankheitsbefall des Weizens auf, der in den Roggenschlägen fruchtfolgemäßig sehr ungünstig stand. Ungarische Prüfungen kommen mit einer extensiven Weizensorte als Standard zur Anlage.

Wir verwendeten in unseren Versuchen 1954—1958 die beiden Weizensorten „Bastard II“ und „Salzmünder Bartweizen“. Es traten auch hier die oben erwähnten Schwierigkeiten auf.

b) Roggenstandard: Wesentlich günstiger müßte als Standard eine diploide Roggensorte zu bewerten sein, deren Blühbeginn zeitlich soweit von dem des tetraploiden Roggens entfernt liegt, daß keine oder nur geringfügige Überschneidungen auftreten. In Österreich wurden mit der sehr frühen Roggensorte „Petroneller Tyrnauer“ als Standard recht gute Ergebnisse erzielt, obgleich sich die Blühzeiten noch berührten und die Fertilität beider Roggenformen etwas absank (MEINX, 1960). In der DDR ist als frühe Sorte nur der „Bernburger Futterroggen“ im Handel, dessen Blühende nach unseren Untersuchungen in verschiedenen Jahren zu sehr in die Blütezeit des Tetraroggens gerät. Er ist nicht als Standard geeignet. Wir prüften ferner den z. Z. noch nicht für den Handel zugelassenen, spätreifenden „Petkuser Grünschnittroggen“, einen Staudenroggen. Hierbei ergaben sich recht gute Resultate und nur geringfügige Überschneidungen (s. Tab. 2). Um noch sicherer zu gehen, wird von SCHNEIDER — Petkus (schriftl. Mitteilung) vorgeschlagen, den Grünschnittroggen sehr zeitig, etwa bei einer Höhe von 30 cm, zu mähen. Er wächst mit Hilfe einer zusätzlichen N-Gabe sehr gut nach und blüht dann garantiert später als der 4n-Roggen. Inwieweit die erzielbaren Kornerträge Repräsentativwerte für den vorgesehenen Vergleich bringen, ist noch nicht bekannt.

## Untersuchungen zur Standardwahl

In Berücksichtigung der vorgenannten Situation beim Problem der Tetraroggenprüfungen sei auf die eigenen Untersuchungen und Ergebnisse eingegangen.

### 1. Versuchsbedingungen

Neben Sortenversuchen mit diploidem Roggen wurden von uns ab 1953 an zwei Standorten (VE Lehr- und Versuchsgüter Noitzsch und Mößlitz) Prüfungen tetraploider Stämme aus den Instituten für Pflanzenzüchtung Halle-Hohenthurm und Bernburg sowie der in Westdeutschland seit 1951 zugelassenen Sorte „F. v. Lochows Petkuser Tetraroggen“ durchgeführt. Uns interessierte dabei die Leistung des tetraploiden Roggens im Vergleich zum diploiden Roggen unter verschiedenen Standortverhältnissen.

Die Boden- und Klimaverhältnisse in Noitzsch sind charakteristisch für einen relativ leichten Standort (Bodenformel S 4 D 23/21; Jahresniederschlag und -temperatur: 530 mm; 8,9 °C), während Mößlitz sehr viel bessere Bodenqualitäten bei gleicher Klimalage aufweist (L 2 Lö 85/87; 517 mm; 8,9 °C). In beiden Versuchsabteilungen wurde mit 5 bzw. 6 Wiederholungen jeweils ein Tetraversuch mit 3—4 4n-Roggensorten und 2—3 Standardvarianten sowie ca. 300 m entfernt davon der diploide Vergleich („Petkuser Normal“ + 2—3 Standards) angelegt. Die Parzellengröße war in Noitzsch mit 11,2 m² (1,70 × 7,00 m) verhältnismäßig gering, in Mößlitz bei 20,0 m² (2,00 × 10,00 m) aber normal. Als Standards fungierten von 1953—1958 die Weizensorten „Bastard II“ sowie „Salzmünder Bartweizen“, ein begrannter Roggen-Weizen-Bastard, und ab 1957 der oben erwähnte sehr spät blühende „Petkuser Grünschnittroggen“. Für die Jahre 1957 und 1958 standen also 3 Vergleichsvarianten zur Verfügung.

Während die Roggensorten stets Ende September gedrillt wurden, bestellten wir den Weizen in der Regel 20 Tage später, d. h. ebenfalls zum optimalen Termin. Durch sorgfältiges Arbeiten gelang es, an beiden Standorten in jedem Jahr einen normalen Roggenbestand zu erzielen; allerdings wurden die Kornerträge in Mößlitz in einigen Fällen durch Lager und in Noitzsch durch extreme Trockenheit gedrückt. Die Weizenparzellen dagegen erwiesen sich als sehr viel unsicherer. Sie wurden z. B. in Noitzsch (kein sonstiger Weizenanbau) beim Auflaufen durch Krähen geschädigt oder nach dem Ährenschieben durch das Lagern des Roggens in den Nachbarparzellen bedroht, so daß sie eingezäunt werden mußten. Im Jahre 1954 winterte der Weizen in Noitzsch völlig aus und wurde durch Hafer ersetzt. Weitere Schäden ergaben sich durch Trockenheit und Sperlingsfraß vor der Ernte.

In Anbetracht der angeführten Schwierigkeiten und unter Berücksichtigung der Vermehrung der Fehlerquellen bei der Einschaltung von Standardvarianten ergaben sich für uns zwei Fragen:

a) Ist bei 4—7jährigen Versuchsserien an 2 Orten ein Vergleich von Tetrasorten mit diploidem Roggen über Standards günstiger zu bewerten als die Verwendung der direkten Ertragszahlen?

b) Gibt es Möglichkeiten, die Unsicherheit und den Arbeitsaufwand der Standards zu verringern?

## 2. Direkter und indirekter Vergleich

Um die erste Frage zu beantworten, wurden aus den Versuchen der Jahre 1954 bis 1960 die Erträge des diploiden „Petkuser Normalroggens" und das Mittel der 3 in jedem Jahr geprüften 4n-Roggen als Korrelationsreihe zusammengestellt und verrechnet. Einmal verwandten wir dabei die absoluten (geernteten) Erträge, beim zweiten Fall wurde der Ertrag des „Petkuser Normalroggens" über die Weizenstandards bzw. seit 1959 den Grünschnittroggen als Standard umgerechnet, und zum dritten wurden augenscheinlich extrem abweichende Parzellen bei der Variantenmittelbildung ausgeschaltet. Je besser die Vergleichsmethode (direkt oder Umrechnung über Standards) ist, um so mehr müssen im Verlauf mehrerer Jahre die Erträge im tetraploiden und im diploiden Block trotz der räumlichen Trennung in ihrer Reaktion auf die Jahreswitterung (Ertragshöhe in dt/ha) übereinstimmen; um so höher ist also der Korrelationskoeffizient (r). Da es sich in unserem Falle um den Vergleich mehrerer tetraploider Varianten handelte, von denen noch nicht bekannt ist, welche als charakteristische Sorte für den 4n-Roggen gelten kann (vgl. Tab. 8), wurde trotz einiger Nachteile (z. B. unterschiedliche Parzellenzahl pro Variantenmittel bei tetra- und diploidem Roggen) bewußt das Mittel von je 3 Tetrasorten dem „Petkuser Normalroggen" gegenübergestellt.

Wie die Tabelle 1 zeigt, erwies sich der Vergleich über Standards trotz der noch zu besprechenden Schwächen im Vergleich zur Verwendung absoluter Werte als besser.

In Mößlitz (sehr unausgeglichene Erträge) wird die Überlegenheit der Erträge nach Standardausgleich besonders augenfällig. Sie scheint stets vorhanden zu sein und kann durch richtige Auswahl des Standards noch vergrößert werden. Die Ausschaltung einiger augenscheinlich abweichender Parzellen bei der Mittelbildung der

Tabelle 1

Vergleich des diploiden „Petkuser Normal" mit dem Mittel von 3 tetraploiden Sorten (Korngewicht, 1954–1960)

| Korrelation der | Mößlitz | | | Noitzsch | | |
|---|---|---|---|---|---|---|
| | | dt/ha | | | dt/ha | |
| | r | 2n | 4n | r | 2n | 4n |
| Roherträge | –0,66 | 38,5 | 38,5 | 0,80+ | 25,7 | 25,6 |
| Erträge nach Standardausgleich | 0,87+ | 40,8 | 38,5 | 0,97+++ | 26,6 | 25,6 |
| Erträge nach „Bereinigung" und Standardausgleich | 0,81+ | 42,5 | 39,2 | – | – | – |

Varianten („bereinigte Werte") ist dagegen zu willkürlich und außerdem nicht genügend effektiv.

Wir prüften die Wirksamkeit eines Ausgleichs über Standards weiterhin durch die Gegenüberstellung von Streuungswerten, und zwar auf Grund folgender Überlegungen:

Es standen uns je Versuchsort die Ergebnisse von 7 Jahren zur Verfügung. Wenn davon z. B. ein 3jähriger Durchschnitt gezogen werden soll, so ergeben sich viele Möglichkeiten. Es können die Jahre 1, 2, 3 oder 2, 3, 4, ebenso aber 1, 4, 7 usw. gemittelt werden. Im ganzen finden sich für diesen Fall 35 verschiedene Kombinationen. Theoretisch, d. h., wenn die Reaktion der Sorten auf Boden und Witterung nicht von Jahr zu Jahr verschieden wäre, müßte bei jedem dieser 3jährigen Durchschnitte das Ertragsverhältnis zwischen 2n- und 4n-Roggen — ausgedrückt in Relativwerten — gleich sein. Dies ist natürlich nicht der Fall. Je besser aber eine Bodenausgleichsmethode ist, desto weniger werden z. B. die 35 dreijährigen Mittel um den siebenjährigen Durchschnitt schwanken. Wir berechneten daher die Streuung (s%) der Mittel aus jeweils allen Kombinationen von 1, 2, 3, 4, 5, 6 Jahren, und zwar unter Verwendung einmal der „Roherträge" und zum anderen der über Standards umgerechneten Zahlen. Es zeigt sich, daß die Varianz der ausgeglichenen Erträge in jedem Fall geringer war, besonders auffällig in Noitzsch. Hier hat z. B. der 2jährige umgerechnete Durchschnitt die gleiche Streuung wie ein 4–5jähriges nicht korrigiertes Ergebnis. In Mößlitz dagegen kann die indirekte Methode im Durchschnitt nur den Präzisionsgewinn eines weiteren Versuchs-

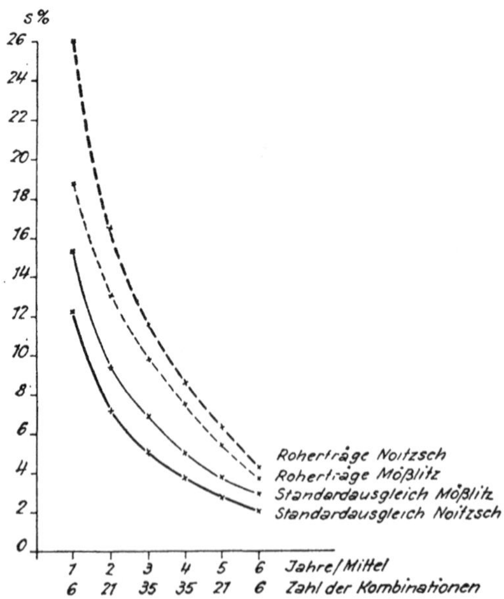


Streuung (s %) von 1–6jährigen Mitteln bei Verwendung von „Roherträgen" bzw. ausgeglichenen Werten

jahres erzielen. Diese Verhältnisse werden in der Abbildung 1 verdeutlicht. Gleichzeitig ist hier zu erkennen, daß nach einer 7jährigen Versuchsdurchführung bei Verwendung von Standards das Ergebnis u. U. schon so genau ist (Noitzsch s% = 2,14%), daß mit einer Präzisierung durch weitere Versuchsjahre in nennenswertem Maße nicht mehr zu rechnen ist.

3. Problem des Roggenstandards

Sollen daraufhin Standards verwendet werden, so ergeben sich, wie schon oben erwähnt, beim Weizen besonders auf leichtem Boden Schwierigkeiten. Wir fügten ab 1957 unseren Versuchen probeweise den diploiden „Petkuser Grünschnittroggen" an, der für unsere Zwecke wegen seiner späten Blüte geeignet erschien.

Die Vorteile eines solchen Standards gegenüber einer Weizensorte können in folgenden Punkten zusammengefaßt werden:

1. Geringere Bodenansprüche = geeignet auch für leichten Boden
2. Annähernd gleicher Wuchsrhythmus (Wasser, Nährstoffbedarf, Reaktion auf Witterungseinflüsse) wie der der Prüfungsfrucht
3. Gleicher Saattermin für den ganzen Versuch = Arbeitsersparnis
4. Kein Vogelschaden bei Aufgang und Ernte
5. Keine Beeinflussung und kein Überlagern durch Nachbarparzellen. Aus diesem Grunde brauchen auf den Teilstücken keine Ränder weggeschnitten zu werden. Der Umfang des Versuches kann daraufhin infolge kleinerer Parzellen geringer gehalten werden, wodurch auch der Einfluß wechselnden Bodens innerhalb der Blocks abnimmt.
6. Gleiche Bedingungen bei der Ernte

Diese erheblichen Vorteile treffen in ihrer Gesamtheit natürlich nur unter gewissen Bedingungen zu. Als wichtigste sind in unserem Falle vor allem

a) die vom Tetraroggen zeitlich getrennte Blühperiode und damit keine Schädigung des Kornansatzes und
b) der normale Kornansatz in den relativ kleinen, allein abblühenden Standards

zu nennen.

Die Blütezeit des „Petkuser Grünschnittroggens" liegt nun zwar erheblich später als die der anderen Sorten, auf leichtem Boden kommt es aber wegen der oft schon sehr früh einsetzenden Vorsommertrockenheit zu einem relativ zeitigen Blühbeginn und damit zur Überschneidung mit dem 4n-Roggen (Tab. 2). Auf gutem Boden ist das nur in geringerem Maße der Fall.

Tabelle 2

Blühtermine von Tetraroggen und „Petkuser Grünschnitt" in Noitzsch

| Sorte | 1957 | *) | 1958 | *) | 1959 | *) | 1960 | *) |
|---|---|---|---|---|---|---|---|---|
| „Hohenthurmer Tetra" | 31. 5.– 6. 6. | 0 | 30. 5.– 7. 6. | 2 | 21. 5.–1. 6. | 2 | 3. 6.–8. 6. | 3 |
| „Bernburger Tetra" | 1. 6.– 7. 6. | 1 | 30. 5.– 7. 6. | 2 | 21. 5.–1. 6. | 2 | 3. 6.–7. 6. | 2 |
| „v. Lochows Tetra" | 31. 5.– 9. 6. | 3 | 30. 5.– 6. 6. | 1 | 21. 5.–1. 6. | 2 | 2. 6.–7. 6. | 2 |
| „Petkuser Grünschnitt" | 7. 6.–11. 6. | – | 6. 6.–17. 6. | – | 31. 5.–8. 6. | – | 6. 6.–11. 6. | – |
| Überschneidung, Mittel | | 2 | | 2 | | 2 | | 2 |

*) Überschneidung mit diploidem Roggen (Tage)

Da gegen Ende der Blühperiode einer Sorte nur noch wenige Blütchen und vor allem die der Nebenhalme (3. und 4. Ordnung) abblühen, ist mit einer gegenseitigen stärkeren Beeinflussung der 2n- und 4n-Typen zwar nicht zu rechnen; wichtig ist aber in Konsequenz dieser Überlegung, daß die Bestände relativ dicht und lückenlos stehen, damit eine nicht zu starke Bestockung (nicht zu viel Nebenhalme 3. und 4. Ordnung), gleichmäßiges Ährenschieben und damit eine geschlossene Blütezeit erzielt werden. Das hat besonders für die Tetrasorten, für die der lichte Bestand (geringe Bestockung, hohes TKG) typisch ist, Bedeutung.

Die Zusammenstellung der Auszählungen des prozentualen Kornansatzes (Tab. 3) kann für das Ausmaß der gegenseitigen Bestäubung von 2n- und 4n-Roggen nur als Anhalt dienen, weil das Material zu gering und vor allem nicht vollständig ist (Tetraroggen-Reinanbau 1959 und 1960 fehlt). Trotzdem scheint zumindest sicher, daß der Ansatz im tetraploiden Block bei allen Varianten höchstens um 5—6 Prozenteinheiten gedrückt wurde.

Tabelle 3

Kornansatz (%) im tetraploiden und diploiden Block, Noitzsch

| Sorte | 1958 | | 1959 | | 1960 | |
|---|---|---|---|---|---|---|
| Tetraploider Block | | | | | | |
| „Hohenthurmer Tetra“ | 75 | 72 | 67 | 69 | 68 | 71 |
| „Bernburger Tetra“ | 72 | | 67 | | 74 | |
| „v. Lochows Tetra“ | 70 | | 74 | | 71 | |
| „Petkuser Grünschnitt“ | 77 | | 76 | | 83 | |
| Reinanbau | | | | | | |
| „Bernburger Tetra“ | 78 | | — | | — | |
| Diploider Block | | | | | | |
| „Petkuser Grünschnitt“ | 80 | | 81 | | 68 (Trockenschäden) | |
| „Petkuser Normal“ | 76 | | 83 | | 78 | |

Diese Annahme unterstützen die Zahlen der Tabelle 4, aus denen hervorgeht, daß keine Unterschiede im Ansatz des 4n-Roggens bei sehr kleiner (40 cm) und etwas größerer (140 cm) Entfernung von der diploiden Parzelle bestehen. Nach Versuchen von ANDERSEN (1956) ist aber bei Fremdeinstäubung schon dicht am Schlagrand mit einem starken Anstieg der Fertilität zu rechnen.

Tabelle 4

Kornansatz der 4n-Parzellen neben der diploiden Variante „Petkuser Grünschnittroggen“, Noitzsch (Durchschnitt von je 6 Wiederholungen)

| Jahr | Sorte | Entfernung zur diploiden Parzelle | | |
|---|---|---|---|---|
| | | 140 cm | 40 cm | Diff. |
| 1958 | „v. Lochows“ | 72 | 69 | −3 |
| 1959 | „Bernburger“ | 73 | 75 | +2 |
| 1959 | „Hohenthurmer“ | 67 | 67 | ±0 |
| | Mittel | 71 | 70 | |

Wenn es also bei der relativ geringen Erhöhung der Schartigkeit von ca. 5% durch gegenseitige Befruchtung bleibt, kann diese Fehlerquelle unserer Ansicht nach vernachlässigt werden, da ja die Nachbarkörner tauber Ährchen durch höheres TKG den Verlust noch etwas ausgleichen. Bei der verbleibenden kleinen Differenz fällt dann auch das zu vermutende unterschiedliche Ausmaß der Erhöhung der Schartigkeit bei 4n- und 2n-Roggen (verschiedene Pollenmengen in den Tagen der Blühüberschneidung, Vorteil des 2n-Pollens bei gleichzeitiger Bestäubung) nicht ins Gewicht.

Bezüglich des zweiten Punktes — geringe Parzellengröße — muß nach den normalen Ansatzprozenten des „Petkuser Grünschnittroggens" im diploiden Block (vgl. „Petkuser Normal", Tab. 3) angenommen werden, daß die eigene Pollenmenge annähernd ausgereicht hat. Trotzdem ist, um eine sichere und volle Bestäubung auch kleiner Standardparzellen (10—12 m²) zu gewährleisten, bei langen Teilstücken die Anlage der Parzellen in der Hauptwindrichtung zu empfehlen.

Wir fassen zu den besprochenen Punkten unsere Beurteilung des Roggenstandards dahingehend zusammen, daß in Hinsicht auf die Blütezeit der „Petkuser Grünschnittroggen" für die benötigten Zwecke zwar schon geeignet ist, daß aber zur Sicherheit eine noch 2 Tage später blühende Sorte anzustreben ist. Auf die Möglichkeit der Blühverzögerung des Grünschnittroggens durch frühzeitiges Abmähen wiesen wir in dem ersten Abschnitt bereits hin.

## 4. Vergleich der einzelnen Standards

Die Standardvariante soll den Einfluß des wechselnden Bodens auf den Ertrag anzeigen und müßte theoretisch in der gleichen Weise reagieren wie alle Prüfnummern im 2n- und 4n-Block. Dies ist natürlich nie der Fall, da jede Sorte spezielle Ansprüche stellt; aber selbstverständlich genügt es auch schon, wenn der Standard mit der Vergleichssorte (hier diploider „Petkuser Normal") konform geht. Im folgenden haben wir trotzdem alle Standards mit dem 2n-Roggen und auch den 3 Tetrasorten verglichen, weil auf diese Weise ein größeres Zahlenmaterial verwendet werden konnte und dadurch eine sicherere Beurteilung ermöglicht wurde.

Um das Ausmaß der Eignung verschiedener Standardvarianten zu erfassen, berechneten wir die Korrelationen zwischen den Einzelwerten der jeweiligen Standards (Wiederholung a—e bzw. a—f) und dem diploiden „Petkuser Normal" bzw. den Tetrasorten. Es standen uns dafür die Ergebnisse der Jahre 1957 und 1958 zur Verfügung, in denen 2 Weizensorten und der „Petkuser Grünschnittroggen" als Standards zur Anlage kamen. Um längere Korrelationsreihen zu erhalten, wurden z. T. die Werte von 1957 und 1958 aneinandergereiht. Das unterschiedliche Ertragsniveau der Jahre mußte dabei durch Umrechnung in Relativwerte ausgeschaltet werden. Alle Zusammenstellungen erfolgten sowohl mit den Korn- als auch den Gesamtgewichtserträgen (Korn + Stroh).

Die mehr oder weniger gute Eignung eines bestimmten Standards hängt von einigen Faktoren ab, von denen der Einfluß des Standorts die größte Rolle zu spielen scheint. In Noitzsch (Tab. 5) sind die Verhältnisse sowohl beim Gesamt- als auch beim Kornertrag ziemlich eindeutig: „Petkuser Grünschnittroggen" und „Salzmünder Bartweizen" erweisen sich — gemessen an den Korrelationskoeffizienten — als etwa gleich gut geeignet, während der „Bastard II" völlig versagt. Dies ist besonders in Hinblick auf das Stroh der Fall! Dadurch schneidet natürlich auch das

Mittel zweier Weizensorten auf leichtem Boden nicht besser als der „Petkuser Grünschnittroggen" ab, obwohl im allgemeinen ein Doppelstandard günstiger zu bewerten ist.

Tabelle 5

Korrelationskoeffizienten in Noitzsch, 1957 und 1958

| Standard | „Petkuser Normal" | „Hohenthurmer" | „Bernburger" | „v. Lochows" | 4n-Roggen Mittel | Mittel rel.*) |
|---|---|---|---|---|---|---|
| | | | Korn | | | |
| „Petkuser Grünschnittroggen" | 0,64+ | 0,58+ | 0,60+ | 0,44 | 0,65+ | 96 |
| „Bastard II" | 0,49 | 0,02 | 0,36 | 0,16 | 0,24 | – |
| „Bartweizen" | 0,78++ | 0,53 | 0,83++ | 0,22 | 0,68+ | 100 |
| Weizen (Mittel) | 0,63+ | 0,43 | 0,80++ | 0,24 | 0,64 | 70− |
| | | | Korn + Stroh | | | |
| „Petkuser Grünschnittroggen" | 0,65+ | 0,60+ | 0,61+ | 0,45 | 0,69+ | 95 |
| „Bastard II" | 0,42 | −0,28 | 0,37 | −0,13 | 0,07 | – |
| „Bartweizen" | 0,76++ | 0,64+ | 0,85++ | 0,19 | 0,73++ | 100 |
| Weizen (Mittel) | 0,62+ | 0,31 | 0,49 | 0,37 | 0,53 | 73 |

*) zusammenfassende VA aller Korrelationskoeffizienten

Die relativ gute Eignung des „Salzmünder Bartweizens" auf Sandboden erklärt sich vielleicht daraus, daß dieser Roggen-Weizen-Bastard eine größere ökologische Streubreite aufweist als die anderen Weizensorten.

In Mößlitz sind die allgemein sehr schlechten Korrelationen zu beachten, für die eine eindeutige Erklärung nicht gegeben werden kann. Beim Vergleich des Korngewichtes ist der Roggenstandard im Mittel der Prüfnummern etwas überlegen, während beim Stroh die umgekehrte Tendenz bzw. kein Unterschied vorhanden zu sein scheint. Im Gegensatz zu Noitzsch sind auch in der Eignung der beiden Weizensorten keine ausgeprägten Differenzen festzustellen.

Tabelle 6

Korrelationskoeffizienten in Mößlitz, 1957 und 1958

| Standard | „Petkuser Normal" | „Hohenthurmer" | „Bernburger" | „v. Lochows" | 4n-Roggen Mittel | Mittel |
|---|---|---|---|---|---|---|
| | | | Korn | | | |
| „Petkuser Grünschnittroggen" | 0,29 | 0,10 | 0,42 | 0,09 | 0,06 | 0,13 |
| „Bastard II" | 0,66+ | −0,50 | −0,58 | −0,25 | −0,53 | −0,24 |
| „Bartweizen" | 0,44 | −0,38 | −0,53 | 0,05 | −0,55 | −0,37 |
| Weizen (Mittel) | 0,57 | −0,58 | −0,70 | −0,17 | −0,62 | −0,30 |
| | | | Korn + Stroh | | | |
| „Petkuser Grünschnittroggen" | 0,37 | 0,16 | 0,25 | −0,13 | 0,07 | 0,04 |
| „Bastard II" | 0,60 | 0,30 | −0,22 | −0,05 | −0,26 | 0,07 |
| „Bartweizen" | 0,74+ | −0,15 | −0,06 | −0,31 | −0,23 | 0,20 |
| Weizen (Mittel) | 0,75+ | −0,27 | −0,19 | −0,20 | −0,28 | 0,16 |

Natürlich sind die Verhältnisse von Jahr zu Jahr verschieden. In Tabelle 7 führen wir einen Teil der Korrelationskoeffizienten getrennt für die Jahre 1957 und 1958 an.

Tabelle 7

Korrelationskoeffizienten 1957 bzw. 1958
Vergleich der Standards mit „Petkuser Normal", Korn + Stroh

| | Noitzsch | | Mößlitz | |
|---|---|---|---|---|
| | 1957 | 1958 | 1957 | 1958 |
| „Petkuser Grünschnittroggen" | 0,57 | 0,78++ | 0,65+ | 0,00 |
| „Bastard II" | 0,46 | 0,40 | 0,73+ | 0,54 |
| „Bartweizen" | 0,66+ | 0,92++ | 0,98++ | 0,55 |
| Weizen (Mittel) | 0,56 | 0,78++ | 0,93++ | 0,68+ |

Es sind z. T. beträchtliche Gegensätzlichkeiten in der Reaktion der einzelnen Standards zu erkennen. So ist der Grünschnittroggen in Mößlitz 1957 gut korreliert und 1958 infolge frühen, starken Lagerns ohne jede Übereinstimmung. Das zeigt, daß eine Beurteilung der durchschnittlichen Eignung als Standard nur bei langjährigen Vergleichen oder einem größeren Zahlenmaterial zu erhalten ist, und auch eine bewährte Sorte wird durchaus ab und zu versagen. Es bleibt daher zu überlegen, ob mit mehreren Standards gearbeitet werden kann, wobei besonders wichtige Versuche jährlich über denjenigen, der mit der Vergleichssorte („Petkuser Normal") am besten korreliert ist, zu verrechnen wären.

Überraschenderweise stellten wir sehr hohe, z. T. hoch gesicherte Unterschiede in der Übereinstimmung der Standards mit dem „Petkuser Normal" bzw. den einzelnen 4n-Sorten fest (Tab. 8, vgl. auch Tab. 5 und 6).

Tabelle 8

Vergleich der durchschnittlichen Korrelationskoeffizienten
der 3 Standardvarianten mit den Prüfsorten, 1957 und 1958

| | | „Petkuser Normal" | „Hohenthurmer" | „Bernburger" | „v. Lochows" | 4n-Roggen Mittel |
|---|---|---|---|---|---|---|
| Noitzsch | Korn | 0,64 | 0,39 | 0,65 | 0,27-- | 0,55 |
| | Korn + Stroh | 0,61 | 0,32 | 0,58 | 0,22-- | 0,51 |
| Mößlitz | Korn | 0,49 | −0,34 | −0,35 | −0,15 | −0,41 |
| | Korn + Stroh | 0,62 | 0,01 | −0,06 | −0,17 | −0,18 |

In Noitzsch fallen die verhältnismäßig guten Korrelationen mit dem „Petkuser Normal" und dem Bernburger Tetraroggenstamm sowie die ausgesprochen schlechten mit der westdeutschen Tetraroggensorte (Züchtung im humiden Klima?) auf. Diese Beziehungen zeigen sich im gleichen Maße beim Korn- und Gesamtgewicht und vor allem auch in einem Vergleich mit jedem einzelnen Standard.

Bei einer zusammenfassenden Varianzanalyse ließen sich zwar nur die Werte des „v. Lochows Tetraroggen" gegenüber der diploiden Vergleichssorte sichern, die Differenzen der anderen Varianten sind aber auch so hoch, daß sie bei einer größeren Wiederholungszahl (hier 4) wahrscheinlich signifikant gewesen wären; das trifft besonders für den Hohenthurmer Stamm zu.

Die Mößlitzer Werte liegen auch in dieser Zusammenstellung sehr schlecht, um so mehr ist aber die relativ günstige Korrelation der Standardvarianten mit dem „Petkuser Normal“ zu beachten. Wir betonten oben, daß besonders eine möglichst gute Übereinstimmung der Standards mit dem „Petkuser Normal“ anzustreben ist. Diese Forderung konnte an beiden Standorten erfüllt werden, wenn auch nicht mit jeweils dem gleichen Standard. Wir haben aber daneben auch die unterschiedliche Reaktion der tetraploiden Sorten gezeigt, weil dieser Punkt der generellen Forderung der Variationsstatistik nach gleicher Streuung aller Varianten eines Versuches eventuell entgegenstehen könnte. Wir sind uns aber der Tatsache bewußt, daß durch die Einschaltung von Standards und die folgende Umrechnung der diploiden Vergleichssorte derart große Streuungen in den Versuch hineinkommen, daß Reaktionsdifferenzen der tetraploiden Sorten nur in zweiter Linie eine Rolle spielen. Andererseits halten wir es für wichtig, daß — wenn schon die Prüfnummern verschiedene Standortansprüche stellen — durch eine geeignete Versuchsmethode (faktorieller Versuch) für jede Sorte ein weitgehend gültiges Mittel erzielt wird.

Soll auch das Strohgewicht über Standards verglichen werden, so ist zu berücksichtigen, daß es anders als das Korn auf Boden und Witterung reagiert. In beiden Blocks unseres Versuches (diploider bzw. tetraploider Block) ist daher das Korn: Stroh-Verhältnis meist unterschiedlich, außerdem schwanken bei wechselnder Bodengüte Korn- und Strohmenge durchaus nicht in gleicher Weise. Vor allem aber zeigt es sich, daß für den Strohvergleich unter Umständen andere Standardsorten als für das Korn zu bevorzugen sind.

Tabelle 9

Korrelationskoeffizienten bei Verrechnung des Gesamt- bzw. Korngewichts Vergleich der Standards mit „Petkuser Normal“

| Standard | Noitzsch | | Mößlitz | |
|---|---|---|---|---|
| | Korn | Korn + Stroh | Korn | Korn + Stroh |
| „Petkuser Grünschnittroggen“ | 0,64+ | 0,65+ | 0,29 | 0,37 |
| „Bastard II“ | 0,49 | 0,42 | 0,66+ | 0,60 |
| „Salzmünder Bartweizen“ | 0,78++ | 0,76++ | 0,44 | 0,74+ |
| Weizen (Mittel) | 0,63+ | 0,62+ | 0,57 | 0,75+ |

Wir ersehen, daß in Noitzsch die Werte der beiden Reihen gut übereinstimmen, während in Mößlitz in diesem Falle der „Bastard II“ für das Korngewicht und der „Salzmünder Bartweizen“ für das Stroh der günstigere Standard gewesen ist.

## 5. Schlußfolgerungen für Standardwahl und Anlageschema

Zusammenfassend stellen wir fest, daß wegen der nach unseren Untersuchungen besseren Vergleichsmöglichkeit von 2n- und 4n-Roggen die Einschaltung von Standards auf alle Fälle erfolgen sollte; besonders gilt das, wenn mit wenigen Versuchen möglichst schnell weitgehend exakte Ergebnisse erzielt werden müssen.

Der von uns geprüfte „Petkuser Grünschnittroggen“ ist als Standard zu empfehlen, solange keine geeignetere Roggensorte zur Verfügung steht. Er zeigte auf beiden Standorten neben seinen arbeitswirtschaftlichen und versuchstechnischen Vorteilen im Vergleich zu den Weizensorten eine annähernd gleiche oder nur wenig geringere Eignung, die durch entsprechende Methoden in der Anlage ausgeglichen werden kann. Seine Schwächen (geringe Überschneidung der Blütezeit) bleiben in erträglichen Grenzen und lassen sich durch besondere Anbautechnik noch vermindern.

Der Weizen kann als Standard ebenso effektiv wie eine späte oder frühe Roggensorte sein, auf leichtem Boden dürfen dann aber nur geeignete Sorten verwandt werden (z. B. „Salzmünder Bartweizen“).

Besonders wichtig ist es natürlich, daß der Standard die durchschnittliche Bodengüte des Versuchs mit der genügenden Genauigkeit erfaßt. Dazu sind mindestens 6—8 Standardteilstücke (Wiederholungen) erforderlich; umfaßt der Versuch mehr als insgesamt 3—4 Varianten, so benötigt man entsprechend mehr, so daß ein Doppel- oder 3fach-Standard notwendig wird.

Weiterhin empfehlen wir, sofern nicht nur örtliche Probleme zu prüfen sind und die notwendige Arbeitskapazität vorhanden ist, möglichst einen Komplexversuch mit z. B. 2—3 N-Stufen anzulegen. Hierdurch kann auf einfache Weise die Aussagekraft der Ergebnisse, besonders der für den Prüfungsstandort weniger geeigneten Sorten, verbessert werden. In diesem Fall muß selbstverständlich auch der Standard die entsprechenden Faktoren enthalten, und jede Stufe des diploiden Roggens muß getrennt über die jeweilige Standardstufe umgerechnet werden.

Für den Augenblick halten wir folgende zwei Prüfungsmethoden — jeweils mit diploidem und tetraploidem Block und eventuell als Komplexversuch — für relativ günstig, wenn mit wenigen Versuchen möglichst genaue Ergebnisse erzielt werden sollen:

1. Die Anlage erfolgt je nach Umfang des zu prüfenden Sortiments mit etwa 3 verschiedenen Standards. Nach Möglichkeit muß im diploiden Block auch die Vergleichssorte (meist „Petkuser Normal“) doppelt angelegt werden, um ein sicheres Mittel als Bezugsbasis zu bekommen. Zwar sind für eine statistische Auswertung im allgemeinen alle Sorten eines Versuchs mit gleicher Genauigkeit (d. h. gleicher Zahl der Wiederholungen) zu prüfen, diese Forderung gilt unserer Meinung aber nicht für die Standards und die Vergleichssorte. Im Gegenteil, der Ertrag dieser Varianten sollte so genau wie möglich ermittelt werden.

   Um die für die Umrechnung geeigneten Standards herauszufinden, wird der Grad der jeweiligen Korrelationen mit der Vergleichssorte festgestellt, und dann werden nur diejenigen benutzt, die befriedigende Koeffizienten zeigen. Es ist zu empfehlen, nach Möglichkeit den Durchschnitt von zwei Sorten zu verwenden, da das Mittel nur eines Standards, zumal bei größeren Versuchen, nicht genügend charakteristisch ist.
2. Ist man sich der guten Eignung einer bestimmten Sorte als Standard sicher oder kommt nur sie — auf Grund z. B. wichtiger Vorteile — in Frage, so wird ein 2—3facher Standard der gleichen Sorte (auch im diploiden Block) angelegt und zur Umrechnung später dessen Durchschnittsertrag benutzt.

Die Anordnung der Standardparzellen im Versuch und innerhalb der Blocks erfolgt nach dem Grundsatz einer möglichst gleichmäßigen, „gerechten“ zufälligen Verteilung und nicht als geschlossene Großparzelle. Nur bei sehr kleinen Sortimenten 1—2 4n-Sorten + Standards = 4—5 Varianten) können die Standards wegen der besseren Bearbeitung (z. B. gleichzeitige Bestellung, Krähenschutz bei Weizen) in den Wiederholungen jeweils nebeneinandergelegt werden, da mit größeren Bodenunterschieden bei den relativ geringen Ausmaßen des Versuches weniger zu rechnen sein wird.

Geschlossene Standardteilblocks

| | | | | |
|---|---|---|---|---|
| d | St 1 | St 2 | 1 | 2 |
| c | 2 | 1 | St 2 | St 1 |
| b | St 2 | St 1 | 2 | 1 |
| a | 1 | 2 | St 1 | St 2 |

Randomisierter Plan

| | | | | | |
|---|---|---|---|---|---|
| e | St 2 | 1 | St 1 | 3 | 2 |
| d | 2 | St 2 | 3 | St 1 | 1 |
| c | St 1 | 3 | 1 | 2 | St 2 |
| b | 3 | 2 | St 2 | 1 | St 1 |
| a | 1 | St 1 | 2 | St 2 | 3 |

## 6. Verrechnungsweg

Bei der statistischen Verrechnung wollen wir zwei Fälle unterscheiden, und zwar die Auswertung eines Einzelversuches und die Analyse von Serien über Jahre oder Orte mit mehreren getrennten Prüfungen. In jedem Falle muß man sich darüber klar sein, daß stets Unkorrektheiten (Übertragung von Standardfehlern, unterschiedliche Genauigkeit der Mittelwerte usw.) in die Rechnung mit eingehen. Aus diesem Grunde sollte zur Sicherheit eine Signifikanzgrenze von $P = 1\%$ statt wie üblich $5\%$ gefordert werden, zumal wir ja gerade die Fälle, in denen nur geringe Differenzen bestehen, statistisch prüfen.

Bei einem Einzelversuch wird das Mittel der diploiden Bezugssorte (oder Doppelsorte) parzellenweise über den Standard bzw. Doppelstandard auf das Niveau der tetraploiden Sorten umgerechnet. Dies muß jedoch so geschehen, daß die errechneten Einzelparzellen die Streuung der Standardteilstücke im tetraploiden Block übernehmen und nicht derjenigen vom diploiden Block. Zu dem Zweck wird aus dem diploiden Block das Mittel der Vergleichssorte durch das Mittel des Standards dividiert und mit diesem Faktor jedes Standardteilstück im tetraploiden Block multipliziert.

Tabelle 10

Beispiel zur Umrechnung der diploiden Vergleichssorte auf das Niveau der tetraploiden Sorten

| | Diploider Block | | Tetraploider Block | | | | |
|---|---|---|---|---|---|---|---|
| | Vergleichssorte | Standard | Standard | Errechnete Vergleichssorte | 4n-Sorten 1 | 2 | usw. |
| a | 10 | 9 | 13 | 14,3 | × | × | |
| b | 11 | 10 | 12 | 13,2 | × | × | |
| c | 12 | 11 | 11 | 12,1 | × | × | |
| d | 11 | 10 | 12 | 13,2 | × | × | |
| Mittel | 11 | 10 | 12 | 13,2 | | | |

$\frac{11}{10} = 1{,}1$ (Faktor); $1{,}1 \cdot 13 = 14{,}3$; $1{,}1 \cdot 12 = 13{,}2$ usw.

Ist ein Doppelstandard oder eine doppelte Vergleichssorte vorhanden, so wird zur Umrechnung das jeweilige Mittel der 2 Standards bzw. Vergleichsvarianten im diploiden Block benutzt, und damit werden für den tetraploiden Block die Einzelparzellen der in diesem Fall 2 Vergleichsvarianten errechnet. Anschließend kann die normale Varianzanalyse des ganzen Vergleiches 2n- 4n-Sorten durchgeführt werden.

Wenn eine genügend umfangreiche Serie von Versuchen zur Verfügung steht, braucht man u. U. für die Jahre bzw. Orte nur das Mittel der Vergleichssorte im tetraploiden Block über die Standards zu errechnen und mit den Sortendurchschnitten als Einzelwerten sowie den Jahren (Orten) als Wiederholungen weiterzuarbeiten. Die WW Jahre × Sorten wird hierbei als Restfehler verwendet und dient zur Errechnung der Signifikanzgrenze. Bei diesem vereinfachten Verfahren wird allerdings auf den Test der Sortenunterschiede in den einzelnen Jahren bzw. die Prüfung der örtlichen Eignung verzichtet. Besteht die Serie aus verschiedenen Orten und mehreren Jahren, kann die 3fache Wechselwirkung (WWW Sorten × Orte × Jahre) zur Fehlerschätzung verwendet werden. Sie ist in den meisten Fällen größer als die gepoolten Restfehler der Einzelversuche, so daß man diese Zusammenstellungen vieler Versuche nicht getrennt zu verrechnen braucht.

Vorstehend wurde nur über die methodische Seite des Leistungsvergleichs von diploidem und tetraploidem Roggen berichtet. Die Auswertung der Erträge der 7jährigen Versuche nach pflanzenbaulichen Gesichtspunkten erfolgt in einer gesonderten Veröffentlichung.

## Zusammenfassung

Dem Zuchtziel des tetraploiden Roggens entsprechend ist dieser in Leistungsprüfungen mit der diploiden Form zu vergleichen. Da infolge der blütenbiologischen Gegensätzlichkeiten in geschlossenen Feldversuchen keine realen Ergebnisse zu erzielen sind, ist ein isolierter Anbau erforderlich. Es werden die verschiedenen Möglichkeiten eines direkten und indirekten Vergleichs besprochen.

Zu den direkten Vergleichen gehört der „Streuversuch“ nach PLARRE, die Möglichkeit der Einfriedung mit Isolierwänden, die Zusammenfassung von Versuchsserien vergleichbarer Einzelversuche sowie von Großflächenstreuversuchen.

Bei den am weitesten verbreiteten indirekten Vergleichen kommen zumeist Weizenstandards zur Anwendung. Daneben wird über die Eignung sehr früh oder sehr spät blühender Roggensorten berichtet.

Anhand 7jähriger Versuche (1954—1960) auf je einem Standort mit leichtem und gutem Boden unter klimatisch gleichen Verhältnissen Mitteldeutschlands werden die Probleme um die richtige Standardwahl untersucht. Mit Hilfe der Korrelationsrechnung ist nachzuweisen, daß ein Vergleich der beiden Roggenformen nach Umrechnung über Standards zu besseren Ergebnissen führt als die Gegenüberstellung der absoluten Ertragszahlen. Als Standardfruchtart kann Roggen verwendet werden, sofern Sorten vorhanden sind, deren Blütezeit sich nicht oder nur geringfügig mit dem 4n-Roggen überschneidet. Die Vorteile gegenüber Weizen, der beim Einsatz geeigneter Sorten genauso effektiv sein kann, zeigen sich vor allem auf leichten Böden. Grundsätzlich sollten mindestens 2—3 Standardvarianten zur Anlage kommen, um die durchschnittliche Ertragsfähigkeit des Versuchs so genau wie nur möglich zu erfassen. Auch die diploide Vergleichssorte ist zur Erzielung einer sicheren Bezugsbasis doppelt anzulegen. Die Anordnung der Standardparzellen im Versuch soll nach möglichst gerechter, zufälliger Verteilung erfolgen. Zur Auswertung ist der am besten mit der diploiden Vergleichssorte korrelierte Standard geeignet. An einem Beispiel wird die Umrechnung der diploiden Vergleichssorte auf das Niveau der tetraploiden Varianten gezeigt.

## Резюме

Так как сравнительные испытания диплоидной и тетраплоидной ржи в полевых опытах вследствие измененных условий урожайности, вызванных перекрестным опылением, не дают реальных результатов, необходимо изолированное возделывание. Обсуждаются различные возможности прямого и косвенного сравнивания.

На основании семилетних опытов (1954—1960 гг.) на двух местах произрастания с легкой и хорошей почвой в климатически одинаковых условиях средней Германии исследуются проблемы по правильному выбору стандарта. Сравнение обеих форм ржи, после пересчета через стандарты приводит к лучшим результатам, чем при использовании абсолютных данных урожая. В качестве стандартных видов культур можно использовать очень ранние или очень поздние сорта ржи 2n, сроки цветения которых или вовсе не пересекаются с рожью 4n или пересекаются только мало. Они по сравнению с пшеницей, главным образом на легких почвах, имеют преимущества. Принципиально следует заложить не менее двух или трех стандартных вариантов. Также диплоидный контрольный сорт надо заложить дважды. Распределение стандартных делянок в опыте должно быть по возможности справедливым, случайным. При оценке оказывается более всего пригодным для пересчета тот стандарт, который лучше всего коррелирован с диплоидным контрольным сортом.

## Summary

Since yield comparisons with diploid and tetraploid rye in field trials give no real results owing to the changed yields which are due to cross-pollination, an isolated cultivation is required. The various possibilities of a direct and indirect comparison are discussed.

In the light of 7 years' experiments (1954—1960) which were made on two sites with light and good soil under climatically equal conditions of Central Germany the problems concerning the right choice of the standard are studied. A comparison of both rye forms after conversion via standards leads to better results than when using the absolute yield figures. Very early or late ripening 2n-rye varieties the time of flowering of which does not intersect with the 4n-rye can be used as a standard crop. Especially on light soils they are more advantageous than wheat. On principle, at least 2—3 standard variants should be included in the layout. Also the diploid control variety should be laid out twice. The standard plots in the experiment should be arranged as fairly and randomly as possible. The standard showing the best correlation with the diploid control variety is suited for evaluation.

## Literaturverzeichnis

ANDERSEN, T.: Forsøg med tetraploid rug 1950—54. T. Planteavl 1956, **60**, 185—197, Kopenhagen

BANNEICK, A.: Anbauversuche mit tetraploidem Roggen auf verschiedenen Standorten Mitteldeutschlands. Z. Acker- u. Pflanzenbau 1958, **105**, 226—238

LÖWENSTEIN, J. zu: Über die Befruchtungsverhältnisse zwischen diploidem und tetraploidem Roggen. Z. Pflanzenzücht. 1952, **31**, 104—133

MEINX, R.: Ergebnisse mehrjähriger Tetraroggenversuche. Jb. 1959 d. Bundesanst. f. Pflanzenbau u. Samenpr. in Wien. 1960, 11. Sonderh.

MÜNTZING, A.: Cyto-genetic properties and practical value of tetraploid rye. Hereditas 1951, **37**, 17—84

ROGNER, W.: Petkuser Normal contra Tetraroggen. Dt. Landwirtsch. Presse 1953, **76**, 15—16

SPECHT, G., und K. H. MÜLLER: Probleme bei der Durchführung von Großflächenstreuversuchen. Z. Versuchs- u. Unters.-Wes. 1960, **6**, 148—165

SVÁB, J.: Überlegungen zu methodischen Fragen der Großflächenversuche. Z. Versuchs- u. Unters.-Wes. 1957, **3**, 268—278

Aus dem Institut für Acker- und Pflanzenbau Müncheberg
der Deutschen Akademie der Landwirtschaftswissenschaften zu Berlin
(Direktor: Prof. Dr. agr. habil. E. RÜBENSAM)

W. SIMON und A. ZAJONZ[1]

# Der Einfluß von Futterpflanzen als Haupt- und Zwischenfrüchte auf die Erträge und die Fruchtbarkeit verschiedener Böden

## Teil II: Erträge von Fruchtfolgen mit unterschiedlichem Futterpflanzenanteil auf lehmigem Sandboden in Müncheberg

Eingegangen: 18. 7. 1961

Über die Problematik unserer Fruchtfolgeversuche sowie über die Versuchsdurchführung ist im 1. Teil dieser Artikelserie (Band 5, Heft 9, Seite 687) bereits berichtet worden (1), so daß hier nur die Versuchsbedingungen für den im folgenden auszuwertenden Versuch zu ergänzen sind. Auch in diesem Versuch stehen sich vier jeweils siebenfeldrige Fruchtfolgen gegenüber, und zwar

I. zweijähriges Luzernegras und 2mal Zwischenfrüchte
II. einjähriges Kleegras und 3mal Zwischenfrüchte
III. ohne Kleegrashauptfrucht, mit 4mal Zwischenfrüchten
IV. ohne Kleegrashauptfrucht, ohne Zwischenfrüchte

Im Rahmen der Fruchtfolgen I bis III werden hierbei alle Möglichkeiten des Zwischenfruchtanbaues genutzt. Die Aufwendungen sind in allen vier Folgen weitestgehend einheitlich, um die Versuchsauswertung möglichst wenig durch andere Faktoren zu beeinflussen.

Das Versuchsfeld liegt 80 bis 82 m über NN auf der Höhe der Oder-Spree-Wasserscheide. Die Anlage erfolgte im Herbst 1951 im Betriebsteil Friedrichshof des Institutes unmittelbar angrenzend an die Straße von Müncheberg/Friedrichshof nach Heinersdorf.

Im langjährigen Durchschnitt betragen die Jahresniederschläge 545 mm und die Jahrestemperatur +8 °C. Juli und August sind die niederschlagreichsten Monate, während im Vorsommer häufig Trockenperioden auftreten.

Die in Abbildung 1 dargestellten Witterungsverhältnisse (2) der Jahre 1954 bis 1960 besitzen gleichzeitig für den in Band 5, Heft 9, dieser Zeitschrift ausgewerteten Fruchtfolgeversuch auf sandigem Boden Gültigkeit (1).

Der Boden ist von der Bodenschätzung als lehmiger Sand (lS/D/4—5 36—40) eingestuft worden. Es ist ein grundwasserferner, mit Geschiebedecksand überlagerter, leicht verschießender Grundmoränenboden mit relativ rohem, steinigem, stark lehmhaltigem Untergrund. Um den Gesamtversuch mit einer Größe von 284 m × 62,5 m = 1,775 ha sind an 30 Stellen in regelmäßigen Abständen Profilbeschreibungen bis zu einer Tiefe von etwa 1,6 m vorgenommen worden.

[1] Versuchsleiter der Abteilung Pflanzenbau in Müncheberg

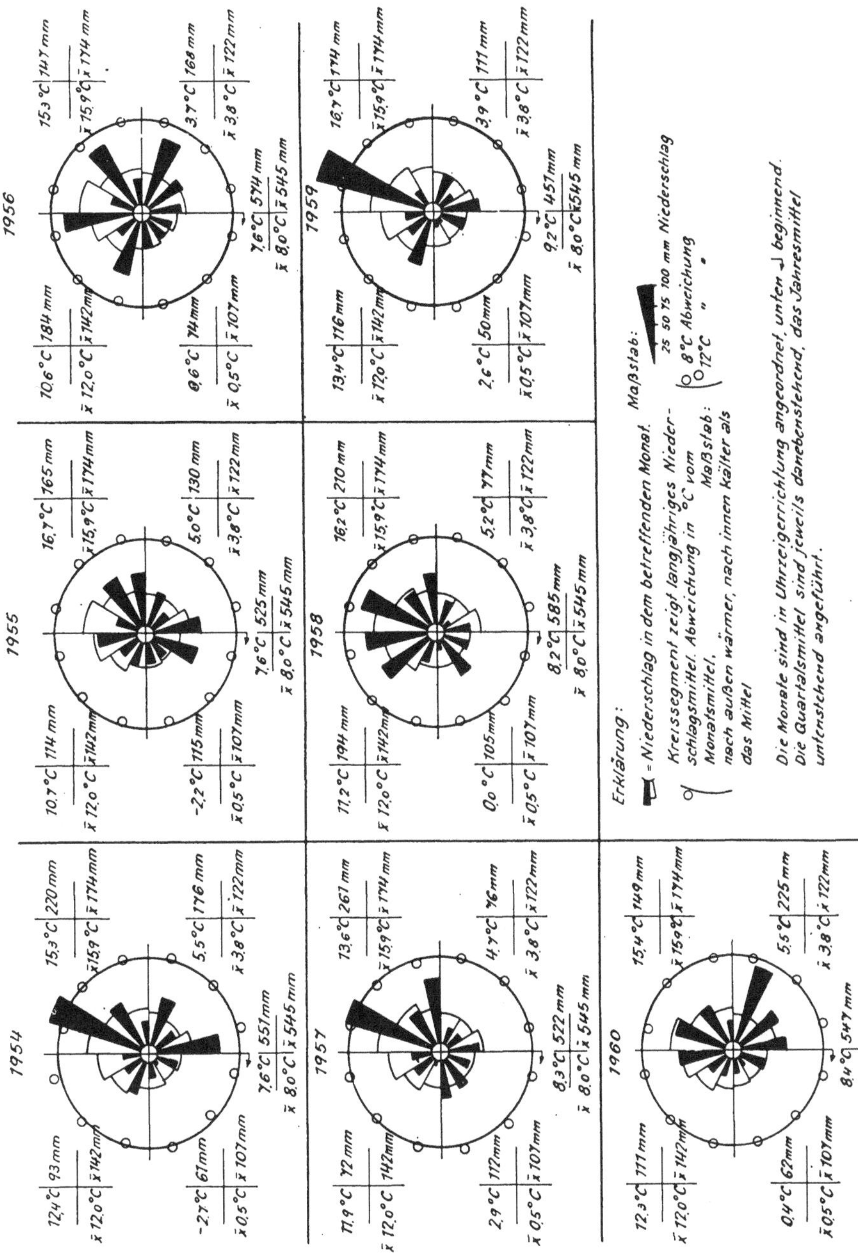


Abb. 1: Witterungssterne Müncheberg 1954—1960

## Profilbeschreibung (1956)

| Parzellen-Nr. 7 (1S/D/4/**40**) | Parzellen-Nr. 22 (1S/D/5/**36**) |
|---|---|
| 2,5: schwach humoser, anlehmiger Sand | 2,5: schwach humoser, anlehmiger Sand |
| 2,0: stark steiniger, schwach eisenschüssiger, gelbbrauner, lehmiger Sand | 3,0: steiniger, schwach gebleichter, mit schmalen Rostbändern durchzogener anlehmiger Sand |
| ab 4,5: roher, stärker eisenschüssiger, stark verschießender, kiesiger bis steiniger, sandiger Lehm | 0,5: mittelbrauner bis gelbbrauner, kiesiger Lehm |
| | ab 6,0: roher, steiniger, mit einzelnen Sandkegeln durchsetzter, stark wechselnder sandiger Lehm |

Die durchschnittlichen analytischen Ergebnisse des Versuchsbodens können zu seiner näheren Charakteristik dienen und sind in Tabelle 1 zusammenfassend dargestellt.

## Versuchsanlage

Der Versuch wurde in Langparzellen mit $n/2 + 1 = 15$ Standards angelegt. Die Standardparzellen sind 250 $m^2$ (4 m $\times$ 62,5 m), die Fruchtfolgeparzellen 500 $m^2$ (8 m $\times$ 62,5 m) groß. Jede Parzelle ist in 4 Wiederholungen aufgeteilt. Bei der folgenden Zusammenfassung der Rotationsergebnisse sind noch die tatsächlich ermittelten Parzellenwerte ausgewertet worden, während von der zweiten Rotation an nur die korrigierten Werte berücksichtigt werden sollen, die unter Zugrundelegung der durchschnittlichen Standarderträge mittels Interpolation errechnet werden.

Die römischen Ziffern (I—IV) bedeuten jeweils die Fruchtfolgen, die arabischen Ziffern (1—7) bedeuten die Felder der Fruchtfolge, die schraffierten Säulen stellen die Standardparzellen (1—15) dar, die Buchstaben (a—d) sind die „unechten Wiederholungen“ der Langparzelle. Jeweils vier Felder, d. h. von jeder Fruchtfolge ein Feld, werden als Fruchtfolgeblock zusammengefaßt. Diese Anlage kommt nach den nunmehr vorliegenden Erfahrungen besonders für solche Gebiete in Frage, die über relativ gleichmäßigen Boden auf dem Versuchsfeld verfügen, wo also nur geringe bodenbedingte Ertragsunterschiede zu erwarten sind.

Das Prinzip dieser obigen Anlage besteht darin, daß jeweils ein Feld (Nr. 1) aller Fruchtfolgen zu einem Block (Block 1) vereinigt ist. Die Feldnummern „2“ aller vier Fruchtfolgen bilden hier den 2. Block usw. Es entstehen also soviel zusammenfaßbare Blöcke wie die Fruchtfolgen Felder haben. Diese Art der Anlage setzt jedoch eine gleiche Zahl von Feldern in jeder Fruchtfolge voraus (3).

In diesem Ackerfruchtfolgeversuch II Müncheberg-Friedrichshof werden jährlich folgende Düngermengen verabreicht (in kg/ha Reinnährstoff): 81 N, 72 $P_2O_5$; 116 $K_2O$, 214 $CaCO_3$ sowie 93 dt/ha verrotteter Stapeldung. Das entspricht bei den Hauptfrüchten einem Nährstoffverhältnis von $N:P_2O_5:K_2O:CaCO_3$ wie 1:0,88 :2,05:2,64. Die Stallmist- und Kalkdüngung erfolgen in jeweils zwei Gaben in den siebenfeldrigen Fruchtfolgen.

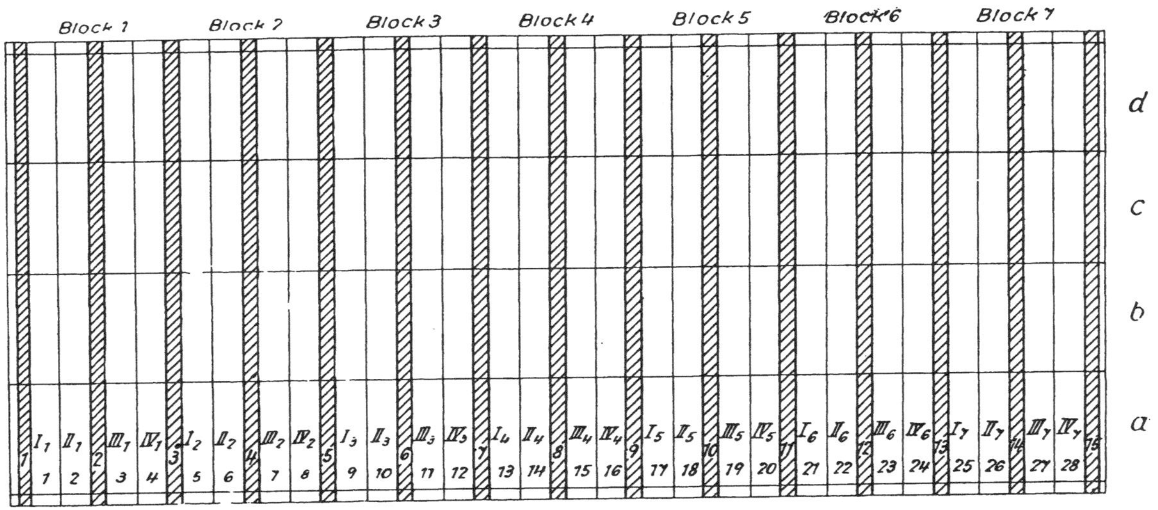


Abb. 2: Versuchsanlage II Friedrichshof

Tabelle 1

Bodenbeschreibung

Untersuchung der Ackerkrume 0—25 cm

Versuch II/1951, Müncheberg-Friedrichshof, grundwasserferner lehmiger Sandboden

| Mittlere Korngrößenzusammensetzung in % des Gesamtbodens | | |
|---|---|---|
| 1. abschlämmbare Teile $<$0,02 mm | = 16,3% | Hygroskopizität etwa 1,55 |
| 2. 0,02—0,2 mm | = 42,9% | (1959): |
| 3. 0,2 —0,5 mm | = 23,2% | $P_H$-Wert (in KCl) ~ 6,4 |
| 4. 0,5 —1,0 mm | = 7,6% | $K_2O$ = ~21 mg/100 g Boden (EGNÉR) |
| 5. 1,0 —2,0 mm | = 2,2% | $P_2O_5$ = ~13 mg/100 g Boden (EGNÉR) |
| 6. 2,0 —5,0 mm | = 4,1% | C-Gehalt = 700—800 mg/100 g Boden |
| 7. $>$5 mm | = 3,7% | (nach RAUTERBERG/KREMKUS) |

Tabelle 2

Fruchtfolgeablauf

| Fruchtfolge I mit zweijährigem Luzernegras und Zwischenfrüchten | Fruchtfolge II mit einjährigem Kleegras und Zwischenfrüchten | Fruchtfolge III mit starkem Zwischenfruchtanbau | Fruchtfolge IV Kontrollfolge ohne Futterbau |
|---|---|---|---|
| 1. Luzernegras | 1. Rotkleegras | 1. Hafer (Leguminosen-Stoppelfrucht) | 1. Hafer |
| 2. Luzernegras | 2. Hafer (Leguminosen-Stoppelfrucht) | 2. Zuckerrüben | 2. Zuckerrüben |
| 3. Hafer (Leguminosen-Stoppelfrucht) | 3. Zuckerrüben | 3. Winterweizen (Müncheberger Gemenge) | 3. Winterweizen |
| 4. Zuckerrüben | 4. Winterweizen (Müncheberger Gemenge) | 4. Kartoffeln | 4. Kartoffeln |
| 5. Winterweizen (Müncheberger Gemenge) | 5. Kartoffeln | 5. Winterroggen (Senf-Stoppelfrucht) | 5. Winterroggen |
| 6. Kartoffeln | 6. Blaue Lupinen | 6. Blaue Lupinen | 6. Blaue Lupinen |
| 7. Winterroggen (mit Luzerne-Einsaat bzw. Stoppelsaat) | 7. Winterroggen (mit Kleegras-Einsaat) | 7. Winterroggen (mit Bokharaklee-Untersaat) | 7. Winterroggen |

Anteile an bodenverbessernden bzw. wurzelreichen Kulturarten

| | I | II | III | IV |
|---|---|---|---|---|
| als Hauptfrucht | 28,6% | 28,6% | 14,3% | 14,3% |
| als Zwischenfrucht | 28,6% | 28,6% | 42,9% | — |
| insgesamt | 57,2% | 57,2% | 57,2% | 14,3% |

Die Düngermengen zu den Hauptfrüchten sind praktischen und wissenschaftlichen Erfahrungen angelehnt. Sie liegen zur Zeit noch beträchtlich über denen der landwirtschaftlichen Praxis in der DDR, jedoch war hiermit eine gesonderte Prüfung über die Reaktion und Nachwirkung der Futterpflanzen in der Fruchtfolge bei hoher Düngung, besonders hoher Stallmistdüngung, beabsichtigt. Nach Ablauf der 2. Rotation soll die Düngung auf die für 1980 in der Praxis vorgeplanten Mengen erhöht werden.

Auch in diesem Versuch wird je nach der Ertragshöhe der geernteten Zwischenfrüchte ein Nährstoffausgleich bei Kali und Phosphorsäure mit den Nachfrüchten vorgenommen, um eine Ertragsbeeinflussung bei den Hauptfrüchten durch ein ungleiches KP-Angebot auszuschalten (1). Der Nährstoffausgleich erfolgt nur, wenn die Zwischenfrüchte genutzt worden sind, nicht bei Gründüngung. Eine Ausgleichsdüngung mit Stickstoff wird auch hier nicht durchgeführt, damit die durch die Leguminosen gewonnene N-Menge als Plus der betreffenden Fruchtfolge in Erscheinung treten kann.

Tabelle 3
Jährliche Düngermenge (Stand 1959)

| Fruchtarten 1–9 Hauptfrüchte 10–12 Zwischenfrüchte | N kg/ha | $P_2O_5$ kg/ha | $K_2O$ kg/ha | $CaCO_3$ dt/ha | Stalldung dt/ha |
|---|---|---|---|---|---|
| 1. Weizen | 80 | 72 | 160 | – | – |
| 2. Roggen | 80 | 72 | 160 | – | – |
| 3. Kartoffeln[1] | 100 | 72 | 200 | 900 | 250 |
| 4. Zuckerrüben | 160 | 72 | 240 | 600 | 400 |
| 5. Blaue Lupinen | 30 | 72 | 80 (in II = 120) | – | – |
| 6. Hafer | 40 | 72 | 160 | – | – |
| 7. Rotkleegras | 80 | 72 | 120 | – | – |
| 8. Luzernegras 1. Jahr | – | 144 | 160 | – | – |
| 9. Luzernegras 2. Jahr | 110 | – | 80 | – | – |
| 10. Müncheberger Gemenge[2] in I, II, III | 60 | 54 | 120 | – | – |
| 11. Stoppelleguminosengemenge[3] in I, II, III | – | 54 | 120 | – | – |
| 12. Senf in III | 30 | 54 | 120 | – | – |

[1] Ab 1959 ist die Düngung zu Kartoffeln wegen wiederholter Überdüngungserscheinungen auf 50 kg/ha N und 150 dt/ha Stapeldung reduziert worden.
[2] 8 kg/ha Winterraps, 6 kg/ha Welsches Weidelgras, 70 kg/ha Sommerleguminosen (z. T. auch etwas Winterwicken anstatt Sommerwicken) mit Aussaat Anfang August und Herbstnutzung sowie Gründüngung im Frühjahr
[3] 10 kg/ha Sonnenblumen, 190 kg/ha Sommerleguminosen

Über die bodenkundlichen Untersuchungsergebnisse wird später gesondert zu berichten sein.

Die Rotationsergebnisse werden in summierter Nährstoffleistung (SNL/ha) und in Getreideeinheiten (GE/ha) dargestellt, da der Rotationsvergleich in GE allein die Unterschiede nicht deutlich ausweist. Unter summierte Nährstoffleistung (SNL) verstehen wir die Ertragsangabe sämtlicher pflanzlicher Produkte in „Stärkeeinheiten/ha plus Rohprotein/ha", wodurch das hochwertige Eiweiß entsprechend seiner besonderen Bedeutung „gerechter" berücksichtigt wird als durch die Ertragsangabe in StE/ha oder Trockenmasse/ha oder GE/ha (4).

## Ergebnisse der 1. Rotation

Als erste Rotation sollen die sieben Versuchsjahre von 1954 bis einschließlich 1960 gewertet werden. Die Anlaufjahre 1951/52 und 1952/53 bleiben bei den Zusammenfassungen unberücksichtigt, da sie keine vorfruchtbedingten Ergebnisse liefern können.

Zunächst sollen die zusammengefaßten Ergebnisse der gesamten Rotation dargestellt werden, und zwar aufgeteilt in Rotationsleistung einschließlich der Zwischenfruchterträge und Rotationsleistung unter Ausklammerung der Zwischenfruchterträge.

Die zusammengefaßten Erträge aus den Jahren 1954 bis 1960 zeigen eine etwa 10%ige Überlegenheit der Fruchtfolgen mit Futterhaupt- und Zwischenfruchtanbau. Hierin sind jedoch die Erträge der zusätzlich gedüngten Zwischenfrüchte mit einge-

Tabelle 4

Rotationsleistung einschließlich Zwischenfruchterträge
Versuch II/1951, Müncheberg-Friedrichshof, Durchschnitt 1954—1960
Erträge in GE nach Abzug der Saatmenge, Erträge in SNL ohne Abzug

| | Stärkeeinheiten dt/ha/a | verdauliches Rohprotein dt/ha/a | SNL /ha/a | Rel. | GE/ha /a | Rel. | Zusätzliche Düngung für die Zwischenfrüchte kg/ha/a | | |
|---|---|---|---|---|---|---|---|---|---|
| | | | | | | | N | $P_2O_5$ | $K_2O$ |
| I zweijähriger Hauptfutterbau + Zwischenfrüchte | 50,0 | 6,2 | 55,7 | **111,0** | 62,6 | 103,3 | 8,6 | 15,4 | 34,3 |
| II einjähriger Hauptfutterbau + Zwischenfrüchte | 48,8 | 6,1 | 54,9 | **109,4** | 62,9 | 103,8 | 8,6 | 15,4 | 34,3 |
| III starker Zwischenfruchtbau (ohne Hauptfutter) | 49,5 | 5,6 | 55,1 | **109,8** | 64,2 | 105,9 | 14,3 | 23,1 | 51,4 |
| IV Kontrollfolge ohne Futterbau | 45,6 | 4,6 | 50,2 | **100,0** | 60,6 | 100,0 | — | — | — |

schlossen, so daß die erhöhten Aufwendungen an NPK bei der Beurteilung zu berücksichtigen sind. Da es sich jedoch nur um relativ geringe zusätzliche Nährstoffmengen handelt, müssen die erzielten Mehrleistungen als bedeutsam angesehen werden.

Bei einheitlicher Überlegenheit der futterbetonten Fruchtfolgen gegenüber der Kontrolle bezogen auf Stärkeeinheiten ergibt sich ein höherer Mehrertrag hinsichtlich der Produktion von verdaulichem Rohprotein besonders bei den Fruchtfolgen mit Luzerne- bzw. Kleegras-Hauptfutterbau.

Außerdem ist die für diesen Standort verhältnismäßig hohe pflanzliche Produktionsleistung von über 60 Getreideeinheiten (bereits nach Abzug aller Saatmengen) beachtlich, wodurch auch geringere Relationen zwischen den Varianten noch als wesentlich gelten können. Die Anteile an den besonders leistungsbeeinflussenden Hackfrüchten sind in allen Fruchtfolgen gleich, jedoch ist aus dieser Zusammenfassung noch nicht ersichtlich, in welchem Maße die Erträge der Hauptfutterpflanzen selbst durch die Fruchtfolgen beeinflußt sind. Deshalb sind diese Gegenüberstellungen vornehmlich als pflanzenbauliche Leistungsvergleiche verschiedener Rotationen zu betrachten.

In der folgenden Tabelle sind die Fruchtfolgegesamtleistungen in den einzelnen Versuchsjahren aufgeführt worden, woraus ersichtlich ist, daß sich die witterungsbedingten Differenzen zwischen den einzelnen Versuchsjahren in etwa gleicher Größenordnung bewegen wie die Leistungsunterschiede zwischen den Varianten. Dies ist ein wesentlicher Unterschied zu dem im Teil I dieser Fruchtfolgeauswertungen (1) beschriebenen Versuch auf Sandböden im gleichen Klima und bestätigt damit die bekannte größere Ertragssicherheit aller Kulturen auf besseren Böden.

Das witterungsmäßig günstigste Versuchsjahr 1957 zeigt gleichzeitig die größten Leistungsdifferenzen zwischen den Fruchtfolgen an. Bei der Betrachtung der Jahres-

Tabelle 5
Gesamterträge der Fruchtfolgen in den einzelnen Versuchsjahren
Versuch II/1951, Müncheberg-Friedrichshof
Erträge in GE nach Abzug der Saatmenge; Erträge in SNL ohne Abzug
Versuchsjahre der 1. Rotation

| | | 1954 | 1955 | 1956 | 1957 | 1958 | 1959 | 1960 |
|---|---|---|---|---|---|---|---|---|
| I Fruchtfolge | GE/ha/a | 58,2 | 63,3 | 57,4 | 76,4 | 62,3 | 51,8 | 68,9 |
| (zweijähriges Futter) | SNL/ha/a | 51,7 | 56,1 | 50,0 | 68,2 | 53,9 | 47,1 | 62,9 |
| | SNL/Rel. | 107 | 119 | 100 | 132 | 98 | 107 | 114 |
| II Fruchtfolge | GE/ha/a | 57,8 | 61,8 | 62,2 | 76,1 | 65,9 | 52,4 | 64,4 |
| (einjähriges Futter) | SNL/ha/a | 50,1 | 53,8 | 53,3 | 66,9 | 57,7 | 45,8 | 56,2 |
| | SNL/Rel. | 104 | 114 | 106 | 129 | 105 | 104 | 102 |
| III Fruchtfolge | GE/ha/a | 63,2 | 65,6 | 66,3 | 68,9 | 66,5 | 54,4 | 64,8 |
| (nur Zwischenfrüchte) | SNL/ha/a | 54,2 | 55,4 | 55,0 | 59,2 | 57,7 | 47,6 | 56,8 |
| | SNL/Rel. | 112 | 118 | 110 | 114 | 105 | 108 | 103 |
| IV Fruchtfolge | GE/ha/a | 58,4 | 57,6 | 61,6 | 63,6 | 66,1 | 52,6 | 64,4 |
| (ohne Futter) | SNL/ha/a | 48,3 | 47,0 | 50,1 | 51,8 | 54,9 | 44,1 | 55,3 |
| | SNL/Rel. | 100 | 100 | 100 | 100 | 100 | 100 | 100 |
| $\bar{x}$ SNL/ha/a aller Folgen | | 51,1 | 53,1 | 52,1 | 61,5 | 56,1 | 46,2 | 57,8 |

erträge ergaben sich bisher drei Perioden mit einem unterschiedlichen Ertragsniveau von jeweils etwa 5 SNL/ha, und zwar

1. die Anlaufperiode der Jahre 1952 und 1953 ≈ 47 SNL/ha/a
2. die ersten Versuchsjahre mit nur mäßigem Fruchtfolgeeinfluß, jedoch schon verbesserter Ackerkultur 1954 bis 1956 ≈ 52 SNL/ha/a
3. die erste Auswertungsperiode mit bereits vorliegendem Fruchtfolgeeinfluß 1957 bis 1960 ≈ 57 SNL/ha/a

Der allgemeine Ertragsanstieg auch in der Kontrollfolge ohne Futterbau zeigt bereits die Leistungspotenzen der Versuchsfläche unter dem Einfluß eines sachgemäß betriebenen Acker- und Pflanzenbaus an. Dieser Ertragsanstieg ist wesentlich größer als in dem Fruchtfolgeversuch auf Sandboden (1) und muß auch als Auswirkung der hier höheren Düngung gewertet werden. Da der Leistungsanstieg im Verlauf der Versuchsarbeit, wie später im einzelnen zu berichten sein wird, in allen Versuchsstationen des Institutes Müncheberg in der DDR eingetreten ist, erlaubt er — wenn auch mit versuchsmäßig bedingten Abzügen — doch bereits wesentliche Schlußfolgerungen für die in der allgemeinen landwirtschaftlichen Praxis vorhandenen Ertragsreserven allein durch richtige Bodenbewirtschaftung.

Auch dieser Vergleich der Rotationsleistungen kann nur als betriebswirtschaftliche Summenwirkung aufgefaßt werden. Ein realer Vergleich ist nur zwischen den Fruchtfolgen III und IV möglich, da hier gleiche Hauptfrüchte bei gleicher Düngung stehen. Hier zeigen sich keine Differenzen, d. h., es liegt noch keine Ertragsbeeinflussung der Hauptfrüchte insgesamt durch zusätzlichen Zwischenfruchtanbau in der Fruchtfolge vor. Im Durchschnitt der letzten vier Versuchsjahre ergibt sich in der Fruchtfolge I mit zweijähriger Luzerne bereits eine bedeutsame Überlegenheit in der

Tabelle 6

Erträge der Fruchtfolgen in den einzelnen Versuchsjahren (ohne Zwischenfrüchte)
Versuch II/1951, Müncheberg-Friedrichshof
Erträge in GE nach Abzug der Saatmenge, Erträge in SNL ohne Abzug
Versuchsjahre der 1. Rotation

| | | 1954 | 1955 | 1956 | 1957 | 1958 | 1959 | 1960 | Mittel 1954/60 | Mittel 1957/60 |
|---|---|---|---|---|---|---|---|---|---|---|
| Fruchtfolge I | GE/ha | 53,1 | 56,9 | 58,0 | 73,6 | 60,5 | 51,4 | 68,3 | 60,3 | 63,5 |
| (zweijähriges | SNL/ha | 46,1 | 49,7 | 50,0 | 65,1 | 50,6 | 45,9 | 61,3 | 52,7 | 55,7 |
| Futter) | SNL/Rel. | 95 | 106 | 100 | 126 | 92 | 104 | 111 | 105 | 108 |
| Fruchtfolge II | GE/ha | 52,1 | 56,6 | 61,0 | 67,8 | 64,5 | 52,2 | 63,0 | 59,6 | 61,9 |
| (einjähriges | SNL/ha | 44,1 | 48,3 | 51,7 | 56,5 | 54,8 | 44,8 | 54,1 | 50,7 | 52,6 |
| Futter) | SNL/Rel. | 91 | 103 | 103 | 109 | 100 | 102 | 98 | 101 | 102 |
| Fruchtfolge III | GE/ha | 56,5 | 59,1 | 63,4 | 62,6 | 65,0 | 53,0 | 63,3 | 60,4 | 61,0 |
| (nur Zwischen- | SNL/ha | 47,1 | 48,2 | 51,6 | 51,0 | 54,4 | 44,6 | 53,7 | 50,1 | 50,9 |
| frucht | SNL/Rel. | 98 | 103 | 103 | 98 | 99 | 101 | 97 | 100 | 99 |
| Fruchtfolge IV | GE/ha | 58,4 | 57,6 | 61,6 | 63,6 | 66,1 | 52,6 | 64,4 | 60,6 | 61,5 |
| (ohne Futter) | SNL/ha | 48,3 | 47,0 | 50,1 | 51,8 | 54,9 | 44,1 | 55,3 | 50,2 | 51,5 |
| | SNL/Rel. | 100 | 100 | 100 | 100 | 100 | 100 | 100 | 100 | 100 |

Gesamtleistung aller Hauptfrüchte gegenüber der Kontrollfolge. Dieser Mehrertrag wird in erster Linie durch die relativ hohen Leistungen der Luzerne verursacht und stellt noch keine Ertragsbeeinflussung der übrigen Hauptfrüchte dar.

Bei der Betrachtung der Jahresergebnisse zeigt sich, daß die gemittelte 8%ige Mehrleistung der Fruchtfolge I (Mittel 1957—1960) vor allem durch das Ertragsjahr 1957 herbeigeführt worden ist, in den übrigen Jahren sind keine bzw. nur geringe Differenzen zwischen den Varianten aufgetreten.

Vergleichbare Hauptfrüchte:

Eine einfachere und sicherere Aussage über die Fruchtfolgenachwirkungen als die Rotationsvergleiche zeigen die Ertragsdifferenzen der vergleichbaren Hauptfrüchte, die in allen Fruchtfolgen bei gleicher Intensität nach gleichen Vorfrüchten angebaut werden. Vergleichbare Hauptfrucht ist in diesem Fruchtfolgeversuch nur Winterweizen nach Kartoffeln.

Die Aussagekraft dieses Ergebnisses ist leider dadurch begrenzt, daß durch Trockenheit und Auswinterung in den letzten beiden Versuchsjahren besonders starke Ausfälle zu verzeichnen sind. Abgesehen von dem durch Auflaufschäden beeinflußten Ertragsergebnis von 1960 ergeben sich keine wesentlichen Differenzen zwischen den vier geprüften Fruchtfolgen. Keinesfalls kann von einem wirksamen positiven Einfluß der jeweils als dritte Vorfrucht gestandenen Luzerne- bzw. Kleegrashauptfrucht die Rede sein. In der Fruchtfolge II ist sogar die negative Signifikanzschwelle unterschritten.

In den ersten Versuchsjahren wurde Winterweizen als 1. Nachfrucht nach Kleegras angebaut. Der Aufbau solcher Fruchtfolgepaare war in Anlehnung an Empfehlungen von Wiljams (6) erfolgt. Die in Tabelle 8 angeführten Ergebnisse bestätigen jedoch die in Trockengebieten Deutschlands bereits bekannte Tatsache, daß Winterweizen als 1. Nachfrucht nach dem stark bodenaustrocknenden Kleegras nicht angebaut werden sollte; denn die Mindererträge nach ein- und zweijährigem Kleegras gegenüber der Kontrollfolge mit Vorfrucht Kartoffeln (in Stalldung) betrugen im Durchschnitt über 10%. Das Saatbett war im Herbst meistens sehr stark ausgetrocknet und führte gegenüber der Vorfrucht Kartoffeln zu schlechterem Aufgang und auch wegen des unbefriedigenden Bodenschlusses zu erhöhten Auswinterungsschäden.

Zu ergänzen ist, daß das Kleegras hier zum überwiegenden Teil aus Gras bestand; der Klee-Ertragsanteil lag meistens unter 35%. Die vorliegende Ausnahme Kleegras 1955 bestand zu über 50% aus Rotklee, und zwar mit einem relativ guten Jahresertrag von 403 dt/ha Grünmasse. Dieser Kleeschlag hatte 1956 keine Ertragsdepression zur Folge, während Weizen in Fruchtfolge I nach zweijährigem Kleegras, welches vorwiegend aus Gras bestand, (nur 6% Kleearten, Gesamtertrag 221 dt/ha Grünmasse) im Ertrag wieder abfiel.

Beachtenswert ist die in allen drei Versuchsjahren zu verzeichnende positive Nachwirkung des Müncheberger Gemenges (vorwiegend Winterraps und Welsches Weidelgras) auf die 2. Nachfrucht Winterweizen.

Seit 1957/58 wird Hafer als 1. Nachfrucht nach Hauptfutterpflanzen angebaut. Eine Umstellung auf Kartoffeln konnte aus versuchstechnischen Gründen nicht vorgenommen werden.

Tabelle 7

Vergleichbare Hauptfrucht Winterweizen („Bastard II")

Versuch II/1951, Müncheberg-Friedrichshof, Mittel 1957—1960 dt/ha

| Fruchtfolge[1] | 1957 | 1958 | 1959 | 1960 | Kornertrag dt/ha | Kornertrag Rel. | sign. | Strohertrag dt/ha | Strohertrag Rel. |
|---|---|---|---|---|---|---|---|---|---|
| I mit zweijährigem Luzernegras | 38,5 | 35,5 | 27,0 | 21,4 | 30,6 | 95,0 | — | 41,4 | 103,0 |
| II mit einjährigem Kleegras | 35,9 | 34,7° | 29,5 | 18,8 | 29,7 | 92,2 | O | 41,0 | 102,0 |
| III mit starkem Zwischenfruchtbau | 41,0 | 38,0 | 28,9 | 21,6 | 32,3 | 100,3 | — | 42,6 | 106,0 |
| IV ohne Futterbau | 38,8 | 38,4 | 28,2 | 23,3 | 32,2 | 100,0 | (v) | 40,2 | 100,0 |

[1] einheitliche Vorfrucht Zuckerrüben GD 5% I:IV = 1,67; II:IV = 2,22; III:IV = 1,43 dt/ha Korn, verrechnet nach der Differenzmethode

Tabelle 8

Vorfruchtvergleich zu Winterweizen („Derenburger Silber")

Versuch II/1951, Müncheberg-Friedrichshof, 1954—1956

| Fruchtfolge | Vorfrüchte | 1954 | 1955 | 1956 | Korn 1954—1956 dt/ha | Korn Rel. | Korn sign. | Stroh (Mittel) dt/ha | Stroh Rel. |
|---|---|---|---|---|---|---|---|---|---|
| I | zweijähriges Kleegras | 13,0 | 40,6 | 31,6 | 28,4 | 88,2 | O | 38,6 | 96 |
| II | einjähriges Kleegras | 12,1 | 40,8 | 34,6 | 29,2 | 90,7 | O | 41,7 | 103 |
| III | Hafer Kartoffeln (Müncheberger Gemenge) | 20,6 | 48,9 | 34,8 | 34,8 | 108,1 | + | 42,3 | 105 |
| IV | Hafer Kartoffeln | 18,6 | 45,5 | 32,6 | 32,2 | 100,0 | (v) | 40,3 | 100 |

GD 5% I : IV = 2,79; II : IV = 2,95; III : IV = 2,05 dt/ha Korn, verrechnet nach der Differenzmethode

Tabelle 9
Vorfruchtvergleich zu Hafer („Flämingsgold")
Versuch II/1951, Müncheberg-Friedrichshof, 1957—1960

| Fruchtfolge | Vorfrucht | 1957 | 1958 | 1959 | 1960 | Korn 1957—1960 dt/ha | Korn Rel. | Stroh (Mittel) dt/ha | Stroh Rel. |
|---|---|---|---|---|---|---|---|---|---|
| I | zweijähriges Luzernegras | 21,4 | 35,8 | 16,3 | 40,7 | 28,5 | 100 | 42,5 | 113 |
| II | einjähriges Kleegras | 23,3 | 40,0 | 14,5 | 33,9 | 27,9 | 98 | 44,6 | 119 |
| III | Winterroggen mit Klee-Untersaat | 25,2 | 39,3 | 18,3 | 35,3 | 29,5 | 104 | 39,7 | 106 |
| IV | Winterroggen ohne Zwischenfrucht | 24,4 | 35,1 | 17,3 | 36,6 | 28,4 | 100 | 37,5 | 100 |

Bei der 1. Nachfrucht Hafer nach Luzerne- bzw. Kleegras ergibt sich im Kornertrag keine signifikante Differenz gegenüber der Kontrollfolge, während der Strohertrag eine Überlegenheit der Futterpflanzenvorfrüchte erkennen läßt. Dies stimmt mit den jeweiligen Bestandesbonituren überein, die stets höhere Differenzen beim Korn als später eingetreten erwarten ließen. Hafer ist hiernach — wenn auch nicht vorteilhaft — so doch wesentlich besser als 1. Nachfrucht nach mehrjährigen Futterpflanzen geeignet als Winterweizen.

Tabelle 10
Beziehungen zwischen dem Stand der Futterpflanzenvorfrucht und dem Ertrag der 1. Nachfrucht Hafer
Versuch II/1951, Müncheberg-Friedrichshof

1. Vorfrüchte mit hohem Leguminosen-Anteil

| Fruchtfolge | Futterpflanzenanbau: Jahr | Art | dt/ha | Ertragsanteil vorwiegende Art | Relativer Haferertrag (Kontrolle = 100) |
|---|---|---|---|---|---|
| I | 1959 | zweijähriges Luzernegras | 438 | 76% Luzerne | 111,2 |
| II | 1957 | einjähriges Kleegras | 400 | 89% Rotklee | 114,0 |
| III | 1957 | gutstehende reine Bokharaklee-Untersaat zur Gründüngung | | | 112,0 |
| III | 1958 | Reine Bokharaklee-Untersaat (115 dt/ha Grünmasse) als Gründüngung eingepflügt | | | 105,8 |

2. Vorfrüchte mit hohem Grasanteil

| Fruchtfolge | Jahr | Art | dt/ha | Ertragsanteil vorwiegende Art | Relativer Haferertrag (Kontrolle = 100) |
|---|---|---|---|---|---|
| I | 1956 | zweijähriges Kleegras | 269 | >85% Knaulgras | 87,7 |
| II | 1956 | einjähriges Kleegras | 335 | >60% Welsches Weidelgras | 95,9 |
| II | 1958 | einjähriges Kleegras | 326 | >70% Welsches Weidelgras | 83,8 |

Da die zusammenfassende Auswertung nach so unterschiedlichen Vorfrüchten, wie in Tabelle 9 aufgeführt, leicht zu falschen Schlußfolgerungen verleiten kann, sollen im Folgenden (Tabelle 10) Zusammenhänge zwischen dem Ertrag und dem Ertragsanteil in der Vorfrucht und dem Nachfruchtertrag aufgedeckt werden. Dies erscheint bereits bei der Betrachtung der von Jahr zu Jahr stark unterschiedlichen Ertragsdifferenzen in den in Tabelle 9 dargestellten Ergebnissen notwendig.

Wir erkennen nunmehr eine deutliche Abhängigkeit der Ertragsverhältnisse von dem Bestandesbild der Futtervorfrucht. Luzerne- bzw. Kleegrasgemenge als Haupt- und Zwischenfrucht mit hohem Leguminosenanteil haben den Ertrag der 1. Nachfrucht Hafer in jedem Falle günstig beeinflußt, während alle Bestände mit hohem Grasanteil (damit zusammenhängend auch meistens niedrigerer Ertragsleistung) den Nachfruchtertrag unter den vorliegenden Standortbedingungen unter das Niveau der Kontrollfolge ohne Futterbau absinken ließen. Dieses Ergebnis stimmt mit unseren Vorfruchtuntersuchungen unter ähnlichen Standortbedingungen völlig überein (5).

In Tabelle 8 wurde bereits auf die positive Nachwirkung der Zwischenfrüchte auf die 2. Nachfrucht Getreide hingewiesen. Ein weiterer Beweis hierfür soll in Tabelle 11 angeführt werden.

Tabelle 11

Vergleichbare Hauptfrucht Sommergetreidegemenge
Versuch II/1951, Müncheberg-Friedrichshof, 1955—1956

| Fruchtfolge | Vorvorfrucht[1] | 1955 | 1956 | Korn 1955—1956 dt/ha | Rel. | sign. | Stroh Mittel dt/ha | Rel. |
|---|---|---|---|---|---|---|---|---|
| I | Weizen mit Leguminosengemenge Stoppelfrucht | 32,6 | 36,9 | 34,8 | | | 48,0 | |
| II | Weizen mit Leguminosengemenge Stoppelfrucht | 30,0 | 41,3 | 35,7 | 107 | + | 46,6 | 102 |
| III | Weizen mit Leguminosengemenge Stoppelfrucht | 33,0 | 43,5 | 38,2 | | | 49,9 | |
| IV | Weizen ohne Zwischenfrucht | 31,8 | 36,6 | 34,0 | 100 | (v) | 47,3 | 100 |

[1] einheitliche Vorfrucht Zuckerrüben

Tabelle 12

Vergleichbare Hauptfrucht Winterroggen („Petkuser Normal")
Versuch II/1951, Müncheberg-Friedrichshof, Mittel 1957—1960

| Fruchtfolge | Vorfrucht Kartoffeln 1958—1960 Korn dt/ha | Rel. | Stroh dt/ha | Rel. | Vorfrucht Lupinen 1959—1960 Korn dt/ha | Rel. | Stroh dt/ha | Rel. |
|---|---|---|---|---|---|---|---|---|
| I | 40,7 | 108 | 63,2 | 102 | — | — | — | — |
| II | — | — | — | — | 38,8 | 100 | 57,0 | 101 |
| III | 39,2 | 104 | 63,9 | 104 | 38,3 | 99 | 61,3 | 109 |
| IV | 37,8 | 100 | 61,7 | 100 | 38,7 | 100 | 56,3 | 100 |

Da die Vorvorfrucht Stoppelleguminosen 1952 noch nicht angebaut worden war, mußte das Ertragsjahr der Nachfrucht 1954 ausgeschaltet werden. Zusammenfassend ergibt sich bei Sommergetreidekorn ein durch die Stoppelleguminosenvorfrucht (nach Herbstumbruch) verursachter bedeutsamer Ertragsanstieg in der 2. Nachfrucht Sommergetreidegemenge mit Hauptanteil Hafer.

Beim Winterroggen ist infolge des Umtausches eines Fruchtfolgepaares im Jahre 1956/57 nur eine Zusammenfassung ab 1958 möglich, und zwar vergleichbar in den Fruchtfolgen I, III und IV nach der Vorfrucht Kartoffeln und in den Fruchtfolgen II, III und IV nach der Vorfrucht Körnerlupinen (Tabelle 12).

Zwischen den einzelnen Versuchsjahren gibt es zwar erhebliche Differenzen, jedoch läßt sich im Durchschnitt kein bedeutsamer Ertragsunterschied zwischen den Versuchsgliedern erkennen. Die Jahreswitterung hat also einen stärker variierenden Einfluß auf die Ertragsbildung ausgeübt als die Fruchtfolgen (Tabelle 13).

Tabelle 13

Vorfruchtvergleich zu Winterroggen

Versuch II/1951, Müncheberg-Friedrichshof, 1958—1960

| Vorfrucht | | 1958 | 1959 | 1960 | Mittel |
|---|---|---|---|---|---|
| Kartoffeln | Korn | 43,5 | 37,7 | 38,0 | 39,7 |
| | Stroh | 75,7 | 67,6 | 45,4 | 62,9 |
| Lupinen | Korn | 44,2 | 34,1 | 43,1 | 40,5 |
| | Stroh | 79,1 | 68,5 | 47,9 | 65,2 |

Bei der Gegenüberstellung der Vorfrüchte Kartoffeln und Körnerlupinen zeigen sich zusammenfassend ebenfalls keine Unterschiede. 1959 war die Kartoffelvorfrucht der Lupinenvorfrucht um über 10% überlegen. Dies kann damit erklärt werden, daß nach anfänglich besserer Entwicklung in der Lupinenvorfrucht der Roggen hier nach der Blüte stärker unter der Trockenheit litt. Die 1960 eingetretene Umkehrung der Ertragsrelationen erklärt sich allein aus der begünstigteren Jugendentwicklung des Roggens nach Lupinen, die sich unter der Gunst der Jahreswitterung 1960 ertraglich auswirken konnte. Die Kartoffelvorfrucht hat zur Herbstbestellung 1959 den Boden in einem wesentlich trockeneren Zustand überlassen als die Lupinenvorfrucht.

Beim Vergleich der Erträge von Winterroggen und Winterweizen ist auffällig, daß in den für Getreide günstigen Jahren 1955 und 1957 nur geringe Unterschiede zwischen beiden Arten auftraten, daß sich aber in allen übrigen Jahren eine zum Teil beträchtliche Ertragsüberlegenheit des Winterroggens herausgestellt hat, und zwar um so mehr, je ungünstiger die Jahreswitterung für Getreide allgemein war. Winterweizen reagierte also unter diesen Standortbedingungen auf negative Witterungseinflüsse wesentlich stärker als Winterroggen. Von der zweiten Rotation an wird statt „Bastard II" die unter diesen Standortbedingungen bewährtere Weizensorte „Hadmerslebener VIII" angebaut.

Bei der Auswertung der Rotationsvergleiche (Tab. 4—6) wurde bereits darauf hingewiesen, daß die Differenzen bei den Hackfruchterträgen das Gesamtergebnis am stärksten beeinflussen. Eine erhebliche Beeinträchtigung der Rotationsleistungen in den futterbetonten Fruchtfolgen I, II und III trat allein durch die Ertragsüberlegenheit der Kartoffeln in der Kontrollfruchtfolge IV ein (Tabelle 14).

Tabelle 14
Ertragsvergleich bei Kartoffeln („Capella“)
Versuch II/1951, Müncheberg-Friedrichshof, Erträge in dt/ha

1. 1954—1956, Vorfrucht Raps-Welsches Weidelgras-Stoppelfrucht in I, II, III

| Fruchtfolge | 1954 | 1955 | 1956 | Mittel 1954—1956 | | | SNL einschließlich[1] Stoppelfrucht | | |
|---|---|---|---|---|---|---|---|---|---|
| | | | | dt/ha | Rel. | | SNL/ha | Rel. | |
| I | 366,3 | 292,4 | 369,4 | 342,7 | 100 | | 79,9 | 124 | |
| II | 393,6 | 286,8 | 358,5 | 346,3 | 101 | 341,3 | 76,2 | 119 | 77,2 |
| III | 364,1 | 278,3 | 361,9 | 334,8 | 98 | = 99,5 | 75,5 | 117 | = 120,0 |
| IV | 364,8 | 284,5 | 379,9 | 343,0 | 100 | | 64,3 | 100 | |

2. 1958—1960, Vorfrucht Müncheberger Gemenge[2] in I, II, III

| Fruchtfolge | 1958 | 1959 | 1960 | Mittel 1958—1960 | | | SNL einschließlich[3] Stoppelfrucht | | |
|---|---|---|---|---|---|---|---|---|---|
| | | | | dt/ha | Rel. | | SNL/ha | Rel. | |
| I | 323,5 | 286,2 | 428,6 | 346,1 | 86 | 351,4 | 77,3 | 103 | 79,2 |
| II | 333,1 | 309,8 | 420,7 | 354,5 | 88 | = 87,6 | 80,7 | 107 | = 105,3 |
| III | 289,5 | 321,1 | 450,6 | 353,7 | 88 | | 79,5 | 106 | |
| IV | 390,6 | 340,0 | 472,5 | 401,0 | 100 | | 75,2 | 100 | |

[1] Die überwinternde Stoppelfrucht Raps — Welsches Weidelgras in I, II und III erhielt an zusätzlicher Düngung (kg/ha Reinnährstoff): 60 N, 54 $P_2O_5$ und 120 $K_2O$, jedoch abzüglich KP-Nährstoffausgleich nach der jeweiligen Ertragshöhe der Stoppelfrucht bei der Kartoffelnachfrucht.
[2] Über die Zusammensetzung des Müncheberger Gemenges als überwinternde Stoppelfrucht siehe Fußnote 2 in Tabelle 3.
[3] Die Vorfrucht Müncheberger Gemenge stand in dem außergewöhnlichen Trockenjahr 1959 — im Gegensatz zu den übrigen Jahren — sehr spärlich und ermöglichte keine Schnittnutzung; sie wurde bei der Durchschnittsbildung in SNL/ha nicht mit einbezogen.

In den Jahren 1954 bis 1956 stand in den Fruchtfolgen I bis III ein Gemenge, bestehend aus Winterraps und Welschem Weidelgras (10:8 kg/ha), als Vorfrucht vor Kartoffeln. Eine Ertragsbeeinflussung in der Kartoffelnachfrucht läßt sich im Durchschnitt dieser drei Versuchsjahre nicht nachweisen, unter Einschluß der Zwischenfruchterträge selbst (im Durchschnitt 142 dt/ha Grünmasse) ergibt sich jedoch eine Überlegenheit von etwa 20%, ausgedrückt in SNL/ha.

Von 1957 an wurde anstatt Raps-Weidelgras-Gemenge das sogenannte „Müncheberger Gemenge“ angebaut, in dem sich außer den o. g. Arten auch Sommerleguminosen und teilweise etwas Winterwicken befinden. Dieses Gemenge, nach Getreide als Stoppelfrucht angebaut, brachte in den Erntejahren ab 1957 (außer dem Trockenjahr 1959) einen Durchschnittsertrag von 143 dt/ha Grünmasse. In der Nachfrucht Kartoffeln war während der ganzen Vegetationsperiode eine deutlich sichtbare verbesserte Wüchsigkeit des Kartoffelkrautes nach dieser im Herbst jeweils geschnittenen und im Frühjahr nach dem Wiederausschlag kurz vor der Bestellung der Kartoffeln umgebrochenen Zwischenfrucht erkenntlich. Diese verbesserte Entwicklung konnte auch bei der Ermittlung des Krautgewichtes bestätigt werden, denn 1958 lag der Kartoffelkrautertrag, bezogen auf Trockenmasse, in der Kontrollfolge ohne Futtervorfrucht um etwa 30% niedriger, 1960 um etwa 20% niedriger als in den Fruchtfolgen mit der Vorfrucht Müncheberger Gemenge. Beim Knollenertrag hingegen war in allen Jahren ein Minderertrag nach der Zwischenfrucht zu verzeichnen.

Die verwendete Kartoffelsorte „Capella“ reifte niemals voll aus, so daß sich der verstärkte Krautwuchs nicht in einem erhöhten Knollenertrag auswirken konnte. Es lag hier offensichtlich eine Stickstoffüberdüngung vor, da die Kartoffeln außerdem (einheitlich) 250 dt/ha verrotteten Stalldung und 100 kg/ha Reinstickstoff erhielten. Seit 1959 ist deshalb die Düngung zu Kartoffeln auf 150 dt/ha Stalldung und 50 kg/ha N reduziert worden. Da sich auch hiernach in den letzten beiden Versuchsjahren noch ein übermäßig starker Krautwuchs entwickelte, wird von 1961 an die etwas früher reifende Sorte „Mira“ verwendet. Zu beachten ist noch, daß die Kartoffelerträge außerordentlich hoch liegen und beispielsweise 1960 bei der schon verminderten Düngung einen Durchschnittsertrag von über 420 dt/ha Knollen erbrachten.

Als zweite Nachfrucht nach den normalerweise am stärksten beeinflussenden Feldfrüchten Luzerne bzw. Kleegras stehen jeweils Zuckerrüben. Sie sind zwar einheitlich bestellt und gedüngt worden, jedoch wegen der in den Fruchtfolgen I, II und III eingeschobenen Leguminosenzwischenfrüchte keine vergleichbare Hauptfrucht zur Kontrollfolge IV; direkt vergleichbar sind sie nur in den ersten 3 Fruchtfolgen.

Bei Rübenkörpern ergeben sich keine wesentlichen Differenzen zwischen den Fruchtfolgen. Es zeigte sich aber, und zwar im Laufe der Versuchsjahre stärker werdend, während der Bestandesentwicklung eine deutlich bessere Wüchsigkeit in den futterbetonten Fruchtfolgen, die schließlich auch zu erhöhten Blatterträgen führte. Wir nehmen an, daß hierbei die direkten Einflüsse der Vorfrucht Stoppelleguminosen wirksam geworden sind, da die Blattentwicklung bekanntlich stärker auf Stickstoff reagiert als die Rübenkörper. Eine nachhaltige Fruchtfolgewirkung liegt demnach auch hier nicht vor.

Der Ertragsvergleich bei Blauen Lupinen zeigt eine signifikante Unterlegenheit des Kornertrages in der Fruchtfolge II mit einjährigem Kleegras gegenüber der Kontrollfolge IV ohne Futterbau. Dies kann u. a. als eine negative Nachwirkung des

Tabelle 16

Ertragsvergleiche bei Blauen Lupinen

(*Lupinus augustifolius* bitter, Müncheberger Stamm 416)

Versuch II/1951, Müncheberg-Friedrichshof, 1954—1960

| Fruchtfolge | Vorfrucht | Mittel 1954—1957 | | Mittel 1954—1960 (außer 1958) | |
|---|---|---|---|---|---|
| | | dt/ha | Rel. | dt/ha | Rel. |
| II | Sommergetreide (Senf) | 18,2 | 94,8 | 18,7 | 94,4[1] |
| III | Sommergetreide (Senf) | 20,5 | 106,8 | 20,3 | 102,5 |
| IV | Sommergetreide (ohne Zwischenfrucht) | 19,2 | 100,0 | 19,8 | 100,0 |

[1] ab 1957 Vorfrucht Kartoffeln

Lupinenvorfrüchte 1958

| Vorfrucht | dt/ha Korn | Rel. | sign. |
|---|---|---|---|
| Lupinen | 14,72 | 80,1 | o |
| Winterroggen | 18,37 | 100,0 | (v) |

GD 5% = 2,73 dt/ha

Tabelle 15

Erträge der Hauptfrucht Zuckerrüben („Kleinwanzlebener E“)
Versuch II/1951, Müncheberg-Friedrichshof, 1954—1960

1. Rübenkörper

| Fruchtfolge | Vorvorfrucht | Vorfrucht | 1954 | 1955 | 1956 | 1957 | 1958 | 1959 | 1960 | Mittel 1954/60 | Mittel 1957/60 |
|---|---|---|---|---|---|---|---|---|---|---|---|
| I | Luzernegras | Hafer mit Leguminosen-Stoppelfrucht | 471,3 | 429,6 | 472,0 | 637,3 | 567,6 | 356,0 | 495,3 | 489,8 | 514,0 |
| II | Kleegras | Hafer mit Leguminosen-Stoppelfrucht | 484,1 | 426,0 | 458,8 | 650,4 | 492,7 | 408,4 | 500,0 | 488,6 | 512,9 |
| III | Winterroggen mit Klee-Untersaat | Hafer mit Leguminosen-Stoppelfrucht | 499,9 | 430,1 | 486,9 | 619,0 | 536,0 | 415,0 | 482,1 | 495,5 | 513,0 |
| IV | Winterroggen | Hafer | 562,5 | 437,4 | 466,3 | 632,9 | 526,6 | 401,5 | 482,0 | 501,3 | 510,7 |

2. Rübenblatt

| Fruchtfolge | Vorvorfrucht | Vorfrucht | 1954 | 1955 | 1956 | 1957 | 1958 | 1959 | 1960 | Mittel 1954/60 | Mittel 1957/60 |
|---|---|---|---|---|---|---|---|---|---|---|---|
| I | Luzernegras | Hafer mit Leguminosen-Stoppelfrucht | 567,8 | 234,4 | 364,3 | 653,4 | 461,2 | 390,0 | 559,1 | 461,5 | 515,9 |
| II | Kleegras | Hafer mit Leguminosen-Stoppelfrucht | 472,0 | 226,8 | 417,5 | 596,3 | 442,5 | 389,9 | 461,8 | 429,5 | 472,6 |
| III | Winterroggen mit Klee-Untersaat | Hafer mit Leguminosen-Stoppelfrucht | 548,7 | 220,5 | 348,4 | 551,0 | 471,1 | 400,2 | 474,2 | 430,1 | 474,2 |
| IV | Winterroggen | Hafer | 596,2 | 222,6 | 362,6 | 595,0 | 408,6 | 343,0 | 454,0 | 426,0 | 450,2 |

3. Rüben-Gesamterträge (Körper + Blatt)

| Fruchtfolge | Mittel 1954—1960 | | | | Mittel 1957—1960 | | | |
|---|---|---|---|---|---|---|---|---|
| | SNL/ha/a | Rel. | GE/ha/a | Rel. | SNL/ha/a | Rel. | GE/ha/a | Rel. |
| I mit einjährigem Luzernegras + Zwischenfrüchten | 125,4 | 101,4 | 168,6 | 100,4 | 134,9 | 105,7 | 180,1 | 104,3 |
| II mit einjährigem Kleegras + Zwischenfrüchten | 122,0 | 98,6 | 165,1 | 98,3 | 130,3 | 102,1 | 175,5 | 101,6 |
| III mit starkem Zwischenfruchtanbau | 123,2 | 99,6 | 166,9 | 99,4 | 130,4 | 102,2 | 175,7 | 101,7 |
| IV Kontrollfolge ohne Futterbau | 123,7 | 100,0 | 167,9 | 100,0 | 127,6 | 100,0 | 172,7 | 100,0 |

Rotklees in der Fruchtfolge gedeutet werden, da ein Einfluß der Zwischenfrüchte selbst nicht vorliegt (Vergleich III:IV). Der Vorfruchtvergleich 1958, der infolge der geringfügigen Fruchtfolgeumstellung 1956/57 möglich wurde, zeigt ebenfalls ein empfindliches Reagieren der Lupinen auf Leguminosenvorfrucht.

In Ergänzung zu den angeführten Ertragsvergleichen sollen nunmehr auch die Erträge der Hauptfutterpflanzen und Zwischenfrüchte angeführt werden.

Tabelle 17
Erträge der Futterhaupt- und Zwischenfrüchte
Versuch II/1951, Müncheberg-Friedrichshof, 1954—1960
Erntejahre dt/ha Grünmasse[1]

| | 1954 | 1955 | 1956 | 1957 | 1958 | 1959 | 1960 |
|---|---|---|---|---|---|---|---|
| zweijähriges Kleegras bzw. Luzernegras, 1. Jahr | 200 | 377 | 231 | 388 | 70 | 93 | (300) |
| zweijähriges Kleegras bzw. Luzernegras, 2. Jahr | 260 | 221 | 269 | 542 | 327 | 438 | 405 |
| einjähriges Kleegras | 215 | 403 | 335 | 399 | 434 | 341 | (354) |
| Stoppelleguminosen-Gemenge | 200 | 318 | 0 | 116 | 140 | 61 | 97 |
| Senf | 191 | 172 | 129 | 128 | 118 | 83 | 147 |
| Raps—Weidelgras bzw. Müncheberger Gemenge | 204 | 116 | (197) | 136 | 146 | 0 | 76 |

[1] bei Zwischenfrüchten wurden — soweit möglich — die Durchschnittserträge der betreffenden Fruchtfolgen angegeben; 0 = wurde wegen nicht ausreichender Bestandeshöhe als Gründüngung eingepflügt.

Die Erträge der Hauptfutterpflanzen schwanken auch in diesem Versuch sehr stark. Vor allem zeigen sich Ertragsausfälle im Ansaatjahr bei mehrjährigem Kleegras bzw. Luzernegras. Unter den Bedingungen der Praxis ist eine zweijährige Nutzung des Luzernegrases nicht ratsam, sondern eine drei- bzw. vierjährige Nutzung unter diesen Standortbedingungen vorteilhafter. Das einjährige Rotkleegras ist wesentlich leistungsfähiger als Luzernegras, wenn nur eine einjährige Nutzung vorgesehen ist. In den ersten Versuchsjahren war beim mehrjährigen Kleegras Welsches Weidelgras Hauptbestandsbildner. Die Zwischenfruchterträge können als für diesen Standort normal bezeichnet werden.

In der folgenden Tabelle ist die mögliche Stalldungproduktion der einzelnen Fruchtfolgen aufgeführt worden. Hierzu wurden sämtliche angefallenen Ernteprodukte in Futtermittel, Einstreu und pflanzliche Marktprodukte aufgeteilt (s. Teil I, Band 5, Heft 9).

Die Angaben in Rottemistmenge dt/ha allein stehen mit der zu erwartenden Leistungssteigerung, die bei der Anwendung dieser Stalldungmenge eintreten würde, nicht in direkter Beziehung, da die gesamte Stalldungproduktion in starkem Maße von dem Einstreuanteil abhängig ist. Die gesamte Stalldungmenge sagt also nichts über den wirksamen Nährstoffaktor aus. Der mit der Stalldunganwendung zu erwartende Ertragsanstieg ist in erster Linie von dem Anteil an nährstoffreichen Substraten, d. h. der Futterausgangssubstanz, abhängig. Die nachhaltige organische Wirkung tritt dahinter zurück. Da die erzeugte Futtermasse in den futterbetonten Fruchtfolgen I, II, III höher liegt als in der Kontrollfolge, muß auch ein entsprechend höherer Wert des hier anfallenden Stalldunges angenommen werden.

Tabelle 18

Stalldungproduktion in verschiedenen Fruchtfolgen

Versuch II/1951, Müncheberg-Friedrichshof, 1954—1960

1. erzeugte Futtertrockenmasse dt/ha

| | 1954 | 1955 | 1956 | 1957 | 1958 | 1959 | 1960 | Mittel 1954—1960 | | Mittel 1957—1960 | |
|---|---|---|---|---|---|---|---|---|---|---|---|
| | | | | | | | | dt/ha | Rel. | dt/ha | Rel. |
| I | 47,7 | 51,1 | 45,3 | 61,9 | 51,4 | 48,4 | 61,1 | 52,4 | 145,2 | 55,7 | 172,4 |
| II | 38,3 | 46,2 | 44,2 | 59,7 | 51,2 | 37,8 | 44,7 | 46,0 | 127,4 | 48,4 | 149,8 |
| III | 53,5 | 50,6 | 48,4 | 51,1 | 40,0 | 31,0 | 33,5 | 44,0 | 121,9 | 38,9 | 120,4 |
| IV | 44,1 | 38,1 | 41,5 | 39,1 | 33,3 | 24,9 | 32,0 | 36,1 | 100,0 | 32,3 | 100,0 |

2. erzeugte Einstreutrockenmasse dt/ha

| | 1954 | 1955 | 1956 | 1957 | 1958 | 1959 | 1960 | dt/ha | Rel. | dt/ha | Rel. |
|---|---|---|---|---|---|---|---|---|---|---|---|
| I | 12,6 | 18,6 | 12,3 | 15,8 | 19,8 | 15,2 | 9,8 | 14,9 | 63,1 | 15,2 | 56,9 |
| II | 17,8 | 21,4 | 19,9 | 18,1 | 24,7 | 19,0 | 18,0 | 19,8 | 83,9 | 20,0 | 74,9 |
| III | 18,3 | 22,1 | 20,8 | 19,9 | 37,1 | 29,7 | 24,3 | 23,5 | 99,6 | 27,8 | 104,1 |
| IV | 17,4 | 22,0 | 18,9 | 19,1 | 37,4 | 28,2 | 22,1 | 23,6 | 100,0 | 26,7 | 100,0 |

3. mögliche Stalldungproduktion, Mittel 1957—1960

| Fruchtfolge | Rottemistmenge dt/ha | Rottemistmenge Rel. | Einstreuanteil an der Stalldungfrischmasse in % |
|---|---|---|---|
| I mit zweijährigem Luzernegras + Zwischenfrüchten | 94,6 | 90,1 | 45,0 |
| II mit einjährigem Kleegras + Zwischenfrüchten | 101,1 | 96,3 | 55,4 |
| III mit starkem Zwischenfruchtanbau | 114,2 | 108,8 | 68,1 |
| IV Kontrollfolge ohne Futterbau | 105,0 | 100,0 | 71,2 |

Die zwischenfruchtbetonte Fruchtfolge ermöglichte die höchste Stalldungproduktion. Eine wesentlich geringere Produktion trat nur in der Fruchtfolge mit Luzerne ein, jedoch liegt hier eine beträchtlich erhöhte Stalldungqualität vor; denn mit zunehmendem Einstreuanteil geht auch der Nährstoffgehalt des Stalldungs zurück.

Im Versuch erhielten alle Fruchtfolgen einheitlich 93 dt/ha Rottemist, d. h., es wurden etwa 80 bis 95% der jeweils erzeugten Stalldungmenge wieder verwendet.

## Schlußbetrachtungen und Zusammenfassung

1. Nachdem in Band 5, Heft 9, ein Fruchtfolgeversuch auf Sandboden beschrieben worden ist, erfolgte nunmehr die pflanzenbauliche Auswertung eines 1951 angelegten Fruchtfolgeversuches auf lehmigem Sandboden im müncheberger Trockengebiet, jedoch mit erheblich höheren Düngermengen.

2. Im Durchschnitt der Jahre 1954 bis 1960 ergibt sich eine etwa 10%ige Überlegenheit (in SNL/ha) der Fruchtfolgen mit Futterhaupt- und Zwischenfruchtanbau über die Kontrollfolge ohne Futterbau. Dieser Ertragsanstieg ist in den Hauptfutterrotationen in erster Linie eine Folge der hohen Hauptfuttererträge.

3. Eine differenzierte Nachwirkung der 4 geprüften Fruchtfolgen auf vergleichbare Hauptfrüchte ließ sich unter den vorliegenden Anbaubedingungen bisher nicht nachweisen.

4. Der allgemeine Ertragsanstieg in allen Fruchtfolgen von etwa 55 GE/ha in den Jahren 1951—1953 auf etwa 60 GE/ha 1954—1956 und bereits auf über 65 GE/ha im Durchschnitt der Jahre 1957 bis 1960 ist sowohl eine Folge des sachgemäßen Acker- und Pflanzenbaues als auch der relativ hohen Düngung. Er zeigt die auf diesem Standort noch vorhandenen Ertragsreserven in der Praxis an.

5. Der zum Teil aufgetretene Mehrertrag in der 2. Nachfrucht Getreide nach Zwischenfrüchten wurde durch Mindererträge in der 1. Nachfrucht Kartoffeln wieder aufgehoben. Bei den Kartoffeln lag infolge zu starker Stickstoffversorgung eine Überdüngung vor, die zu übermäßigem Krautwuchs und vermindertem Knollenertrag führte.

6. Winterweizen erwies sich als erste Nachfrucht nach Kleegras als ungeeignet.

7. Die Erträge der 1. Nachfrucht Hafer nach Luzerne- bzw. Kleegrashauptfrucht zeigen eine deutlich positive Abhängigkeit vom Leguminosenanteil der Vorfrucht.

8. Rotkleehauptfrucht bewirkte in der Fruchtfolge einen Ertragsrückgang bei Blauen Lupinen.

9. Bei etwas verminderter Rottemistproduktion in den hauptfutterbetonten Fruchtfolgen ergibt sich infolge des höheren Anteiles an Futter an der Gesamtstalldungmenge auch eine höhere Stalldungqualität. Die höchste Stallmistproduktion ermöglicht die Fruchtfolge mit starkem Zwischenfruchtanbau.

10. Aus den Ergebnissen der 1. Rotation läßt sich bei den vorliegenden Anbaubedingungen folgern, daß Fruchtfolgen mit Zwischenfruchtanbau und Hauptfutterbau, insbesondere mit mehrjährigem Luzerneanbau, eine größere Ertragsleistung ermöglichen als Fruchtfolgen ohne Futterbau. Auf die Erträge der Hauptfrüchte hatte der Hauptfutterbau bisher keinen wesentlichen Einfluß.

## Резюме

В продолжении опыта с севооборотом на песчаной почве, который описывался в томе 5, выпуск 9 Архива Альбрехта Тэра, здесь приводятся результаты опыта с севооборотом на супесчаной почве в сухой области Мюнхеберга (возле Берлина), с повышенными дозами удобрения. В среднем по годам 1954—1960. г. получается примерно 10% -ое превосходство (в суммарном производстве питательных веществ га) севооборотов с главными или промежуточными кормовыми культурами по сравнению с севооборотами без кормовых культур. Это увеличение урожаев в ротации с главными кормовыми культурами, это следствие высоких урожаев смесей люцерны или красного клевера со злаковыми. Дифференцированного последействия 4-ех севооборотов на сравниваемые главные культуры до сих нельзя было установить. Вследствие правильного ухода за почвой повысились средние урожаи от 55 до 65 и выше хлебных единиц/га. Поздний картофель дал после хороших предшественников и высоких доз удобрения при высоких урожаях ботвы меньший урожай клубней, чем после худших предшественников. Озимая пшеница по пласту клеверо-злаковой смеси не оправдывается. Самое высокое производство навоза возможно в севообороте с большим числом промежуточных культур.

## Summary

In continuation of the crop rotation experiment on sandy soil which has been evaluated in Vol. 5, No. 9 of the Albrecht-Thaer-Archiv this paper deals with a crop rotation experiment on sandy soil which has been laid out on loamy sand in the Müncheberg dry area with higher fertilizer amounts and which has been evaluated here from the standpoint of plant growing. On the average of the years 1954—1960 the crop rotations with forage plants grown as main and catch crop were found to be 10% superior (in SNL/ha) to the control rotation without forage plants. In the rotations where forage plants were grown as main crop this yield increase is mainly due to the high yields of lucerne and red clover grown as main crop. A differentiated after-effect of the 4 examined crop sequences on comparable main crops could not be proved so far. As a result of an appropriate arable farming the average yields increased from 55 to more than 65 grain units/ha. After good preceding crops plus high fertilizer applications late-ripening potatoes gave with high haulm yields lower bulb yields than after less good preceding crops. Winter wheat was found to be unsuitable as first succeeding crop after clover grass. The crop sequence with an intensive cultivation of catch crops provided the highest production of farmyard manure.

## Literaturverzeichnis

1. RÜBENSAM, E., und W. SIMON: Der Einfluß von Futterpflanzen als Haupt- und Zwischenfrüchte auf die Erträge verschiedener Böden. Teil I: Erträge von Fruchtfolgen mit unterschiedlichem Futterpflanzenanteil auf Sandböden in Müncheberg. Albrecht-Thaer-Arch. 1961, **5**, 687—704
2. SIMON, W., D. EICH, und K. STEINBRENNER: Über die Vorfruchtwirkung einiger Futterpflanzen auf Sandboden und ihren Einfluß auf eine Reihe meßbarer Bodeneigenschaften. Tag.-Ber. Dt. Akad. Landwirtsch.-Wiss. Berlin 1958, **14** 57—85
3. SIMON, W.: Zur Methodik der Fruchtfolgeforschung. Wiss. Z. Martin-Luther-Univ. Halle-Wittenberg, Math. — Naturwiss. R., 1961, **X**, 2/3, 369—376
4. SIMON, W.: Über den Einfluß des Kleegrashaupt- und -zwischenfruchtanbaues auf die Rotationsleistung verschiedener Fruchtfolgen auf besseren Böden in feuchten Lagen und über Möglichkeiten realer Rotationsvergleiche. Wiss. Z. Martin-Luther-Univ. Halle-Wittenberg, Math. — Naturwiss. R., 1961, **X**, 2/3, 347—355
5. SIMON, W.: Luzerne, Klee und Kleegras. 1960, 2. neubearb. Auflage, VEB Dt. Landwirtsch.-Verl. Berlin
6. WILJAMS, W. R.: Das Trawopolnaja-System der Landwirtschaft. 1958, Berlin

Aus dem Institut für Acker- und Pflanzenbau der Universität Rostock
(Direktor: Prof. Dr. rer. nat. habil. M. SEIFFERT)

H. GÄDE

# Über die Anbaueignung alkaloidhaltiger und alkaloidarmer Gelblupinen auf leichten Böden

Eingegangen: 1. 7. 1961

## 1. Problemstellung und Hinweise aus dem Schrifttum

Die stürmische Ausdehnung des Anbaues der Lupine als Pionierpflanze des leichten Bodens in der 2. Hälfte des 19. Jahrhunderts ist weithin bekannt und infolge ihrer großen ackerbaulichen Bedeutung von verschiedener Seite untersucht und gewürdigt worden. Besonders auf den ausgedehnten diluvialen Sandbodenflächen im nördlichen und östlichen Deutschland bedeutete die Einführung des Lupinenanbaues für die Nutzung und wirtschaftliche Ertragsfähigkeit dieser Böden einen wesentlichen Fortschritt (THAER 1859, KETTE 1891, SCHULTZ-LUPITZ 1895).

Aber auch die mit der Jahrhundertwende einsetzende rückläufige Flächenentwicklung ist wiederholt untersucht und in ihren entscheidenden Ursachen und Zusammenhängen dargestellt worden (WINKEL 1920, HEUER 1932, REINHARD 1934, SCHULZE 1936). Dieser Rückgang der Lupinenanbauflächen ist als Folge verschiedener ökonomischer und ackerbaulicher Momente — insgesamt betrachtet als Ergebnis des Überganges zu einer höheren Intensität der Bewirtschaftung des Ackerlandes anzusehen.

Die von verschiedenen Forschern vorausgesagte Entdeckung alkaloidarmer Formen in der Gattung *Lupinus* gilt mit Recht als einer der markantesten Erfolge der Übertragung genetischer Überlegungen in die praktische Pflanzenzüchtung. Diese durch v. SENGBUSCH 1927 bis 1930 eingeleiteten Arbeiten haben die Lupinen für Jahrzehnte zu einem genetisch wie züchterisch intensiv bearbeiteten Objekt gemacht.

Die an diese Entdeckung geknüpften Hoffnungen waren sehr groß, denn man glaubte mit dieser „neuen Kulturpflanze" nicht nur die rückläufige Entwicklungstendenz der Lupinenanbauflächen aufhalten, sondern sogar an die Flächenentwicklung in der 2. Hälfte des 19. Jahrhunderts anknüpfen zu können (WOERMANN 1937, HACKBARTH und HUSFELD 1939, v. SENGBUSCH 1942). Besonders die Tatsache, daß nach der Entdeckung alkaloidarmer Lupinen aus einer Gründüngungspflanze mit sinkendem Anbauwert eine eiweißreiche Futterpflanze von großer betriebs- und volkswirtschaftlicher Bedeutung geworden war, eröffnete für die Bewirtschaftung leichter Böden völlig neue Perspektiven.

Nachdem wir jetzt auf ein Vierteljahrhundert Süßlupinenanbau zurückblicken können, läßt sich aus der nüchternen Betrachtung der Anbaustatistik ablesen, daß die Süßlupine die in sie gesetzten Hoffnungen bei weitem nicht erfüllt hat. Der Umstand, daß es der Süßlupine nicht gelungen ist, die bitteren Formen aus dem Anbau zu verdrängen und daß sie sich gegenwärtig sogar eines zunehmenden Bitterlupinenanbaues erwehren muß, verlangt eine eingehende Untersuchung.

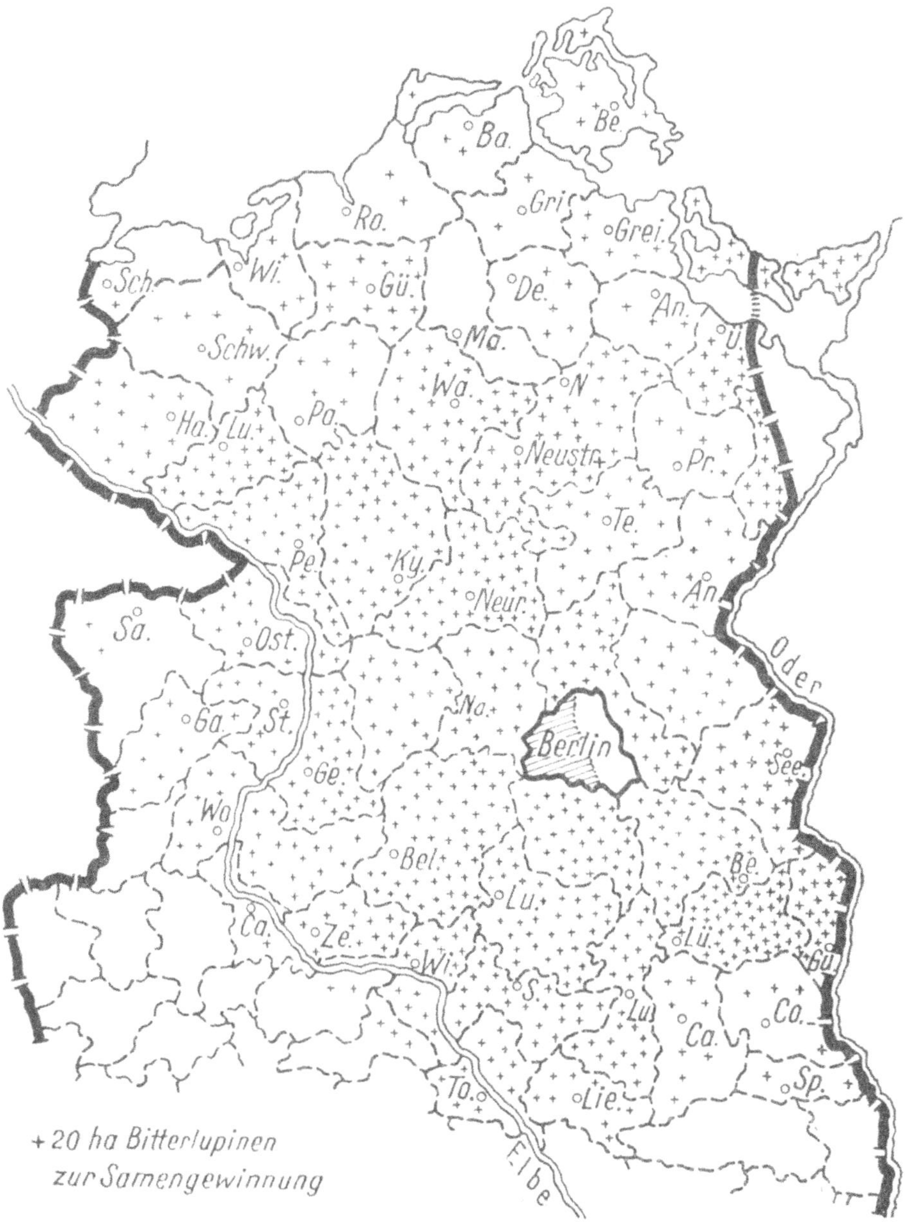


Abb. 1: Anbau von Bitterlupinen 1938
In den Kreisen Thüringens und Sachsens wurde kein nennenswerter Lupinenanbau betrieben.

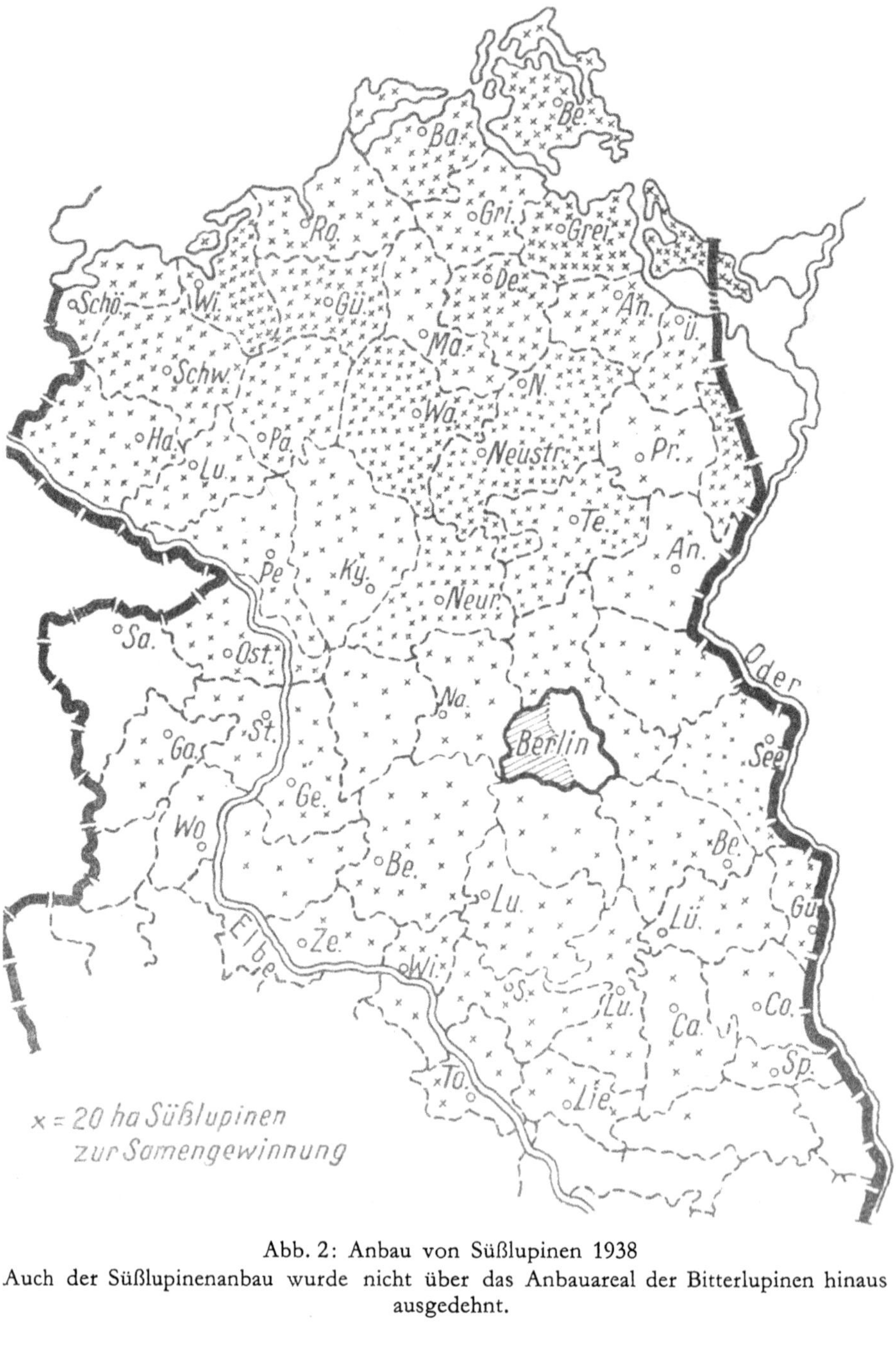


Abb. 2: Anbau von Süßlupinen 1938
Auch der Süßlupinenanbau wurde nicht über das Anbauareal der Bitterlupinen hinaus ausgedehnt.

In der Praxis des Landbaues sind mit dem Begriff „Lupinenboden" traditionelle Vorstellungen verknüpft, denn die leichtesten, „fliegenden" Sandböden werden als „eigentliche Lupinenböden" angesprochen. Unter den wenigen anbauwürdigen Blattfrüchten wird die alkaloidhaltige Gelblupine seit über 100 Jahren an erster Stelle genannt.

Die in der Regel erfolgte Übertragung dieser Anspruchslosigkeit auf die alkaloidarme Futterlupine wird bereits durch die Standortverteilung beider Formen in Frage gestellt. Aus den kartographischen Darstellungen der Abbildungen 1 und 2 ist zu ersehen, daß der Bitterlupinenanbau im Jahre 1938 im wesentlichen seine alten Anbauareale im brandenburgischen Raum und im südlichen Mecklenburg beibehalten hatte, während der Süßlupinenanbau sich zunächst in mecklenburgischen Anbaugebieten stärker durchsetzte. Im Verlauf der schnellen Ausdehnung des Anbaues alkaloidarmer Lupinen in den Jahren von 1934 bis 1939 wurde die Bitterlupine immer mehr auf die absoluten „Lupinenböden" zurückgedrängt, auf die die Süßlupine nicht nachgefolgt ist.

Die Anbaustatistik weist für das Jahr 1939 folgende Anbauflächen (ha) aus:

| | zur Körnergewinnung | zum Futteranbau bzw. zur Gründüngung |
|---|---|---|
| Süßlupinen | 56874 | 60976 |
| Bitterlupinen | 28316 | 76554 |

Die in den letzten beiden Jahrzehnten im Zuge der Intensivierung der Wirtschaftsweise geforderte starke Einschränkung des Anbaues von Gründüngungslupinen zugunsten von Futterlupinen führte gerade auf den geringwertigen Sandböden zu einem stärkeren Rückgang der Anbauflächen. Vergleicht man die Anbauverbreitung der Lupinen in den Jahren von 1957 bis 1959 (Abb. 3) mit den von RÜBENSAM (1959) beschriebenen Standortbedingungen der jeweiligen Produktionsgebiete, so kommt der verhältnismäßig geringe Umfang des Lupinenanbaues auf ärmeren Sandbodenstandorten deutlich zum Ausdruck. Von der Praxis wurde daher wiederholt betont, daß die Süßlupine höhere Ansprüche stelle als die Bitterlupine und daraus die Forderung nach einer anspruchslosen Gründüngungslupine abgeleitet.

Im Verlauf dieser Entwicklung wird also der Lupinenanbau in Deutschland immer mehr zu einem Standortproblem. In bisherigen Anbauvergleichen und Wertprüfungen schenkte man den jeweiligen Standortbedingungen zu wenig Aufmerksamkeit.

Die Ertrags- und Wertprüfungen lagen überwiegend auf besseren Böden (Berichte der Zentralstelle für Sortenwesen 1954/59). Alle Züchtungsauslesen alkaloidarmer *L. luteus* in Müncheberg, Trebatsch, Gülzow und Scharnhorst wurden auf mittleren bis guten Sandböden vorgenommen. Es wurde versäumt, die Vitalität und Robustheit neuer Zuchtstämme in Eignungsprüfungen auf extrem leichten Sandböden zu kontrollieren.

Somit erscheint im gegenwärtigen Zeitpunkt, in dem der Rückgang der Lupinenanbauflächen z. T. durch das Fehlen einer anspruchslosen Gründüngungslupine erklärt wird und die Wiedereinführung des Bitterlupinenanbaues schon als Tatsache angesehen werden muß, eine Einschätzung unseres Lupinensortimentes im Hinblick auf das sortenspezifische Anpassungsvermögen dringend notwendig.

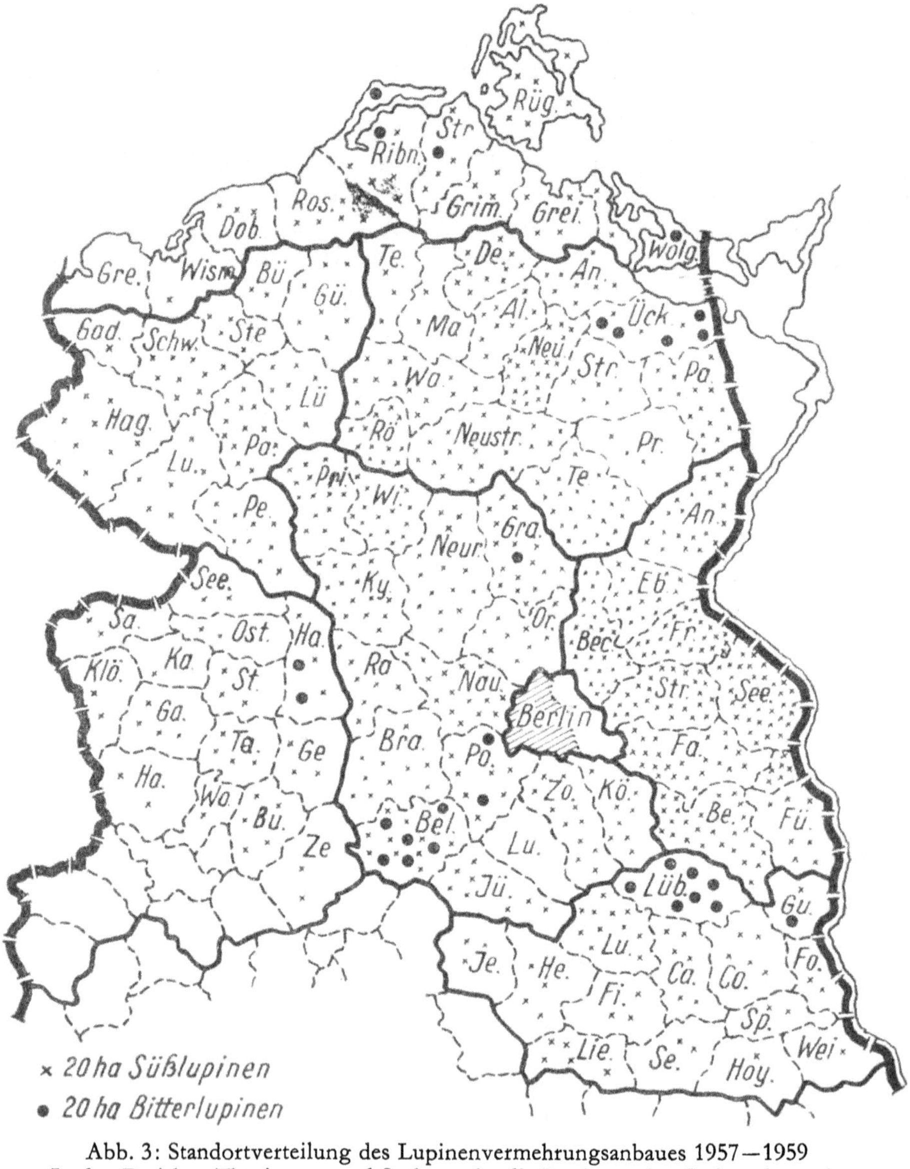


Abb. 3: Standortverteilung des Lupinenvermehrungsanbaues 1957–1959
In den Bezirken Thüringens und Sachsens ist die Lupinenanbaufläche sehr gering.

Im ersten Jahrzehnt des Süßlupinenanbaues wurden in bezug auf die Standortansprüche der alkaloidarmen Grünfutterlupinen in einschlägigen Veröffentlichungen äußerst optimistische Einschätzungen gegeben, eine Begrenzung der Anbaumöglichkeit im Vergleich zur alkaloidhaltigen Gelblupine konnte nicht festgestellt werden (TROLL 1934, NIKOLAISEN 1938, HAMANN 1939, HACKBARTH 1940, OPITZ 1941).

Ein gewisses Erstaunen ruft demgegenüber die Tatsache hervor, daß im Jahre 1939, als der Saatguthandel in der Lage war, für den gesamten deutschen Lupinenbau alkaloidarme Saatware zur Verfügung zu stellen, noch rund 100000 ha mit Bitterlupinen bestellt wurden. Daß es vor dem 2. Weltkriege noch zahlreiche Befürworter der bitterstoffhaltigen Gründüngungslupine gab, bestätigen SCHULZE (1936), BEISSNER (1936), WOERMANN (1937), TIEMANN (1938), MEYLE (1939), v. SENGBUSCH (1942) u. a.

Da der Anbau der Bitterlupine innerhalb des deutschen Reichsgebietes ab 1940 verboten werden sollte (NEUHAUS 1938, MEYLE 1939), wurde es nach der offiziell vertretenen Meinung als überflüssig angesehen, sich noch mit der Bitterlupine zu beschäftigen. Vergleichende Anbauversuche sind deshalb nur in geringem Umfang durchgeführt worden.

MEYLE (1939, 1940) hat in Müncheberger Stammprüfungen die Bitterlupine eingeschaltet, „da immer wieder behauptet wurde, die Süßlupine sei anspruchsvoller als die Bitterlupine". Die erzielten Ergebnisse sind in Tabelle 1 zusammengestellt.

Tabelle 1
Lupinen-Anbauvergleiche in Müncheberg 1936—1939
(nach MEYLE)

| Sorte/Stamm | 1936 | 1937 | 1938 | 1939 | Mittel |
|---|---|---|---|---|---|
| Kornertrag in dt/ha | | | | | |
| Gelbe Süßlupine, St. 8 | 16,64 | 26,04 | 21,79 | 24,27 | 22,18 |
| Gelbe Süßlupine, St. 80 | 12,36 | 24,95 | 18,57 | 20,67 | 19,14 |
| Gelbe Süßlupine „Weiko" | — | — | 23,74 | 19,65 | 21,69 |
| Gelbe Bitterlupine/Handelssaat | 14,00 | 11,39[1] | 21,98 | 19,44 | 16,70 |
| Grünmasseertrag in dt/ha | | | | | |
| Gelbe Süßlupine, St. 8 | 210,60 | 416,60 | 378,70 | 465,20 | 367,8 |
| Gelbe Süßlupine „Weiko" | — | — | 384,00 | 427,10 | 405,6 |
| Gelbe Bitterlupine/Handelssaat | — | — | 395,10 | 448,10 | 421,6 |

[1] Handelssaat geringerer Keimfähigkeit

Von HACKBARTH und TROLL (1939) wurden die Durchschnittserträge aus 8 Anbauvergleichen gegenübergestellt:

| | | |
|---|---|---|
| Bitterlupinen-Handelsware | = | 16,5 dt/ha |
| Süßlupinen St. 8-SEG | = | 16,4 dt/ha |
| Süßlupinen St. „Weiko" | = | 19,7 dt/ha |

„In der Praxis wird häufig der Fehler gemacht, daß man Erträge von Süß- und Bitterlupinen miteinander vergleicht, die an verschiedenen Stellen und vielleicht sogar in verschiedenen Jahren erzielt worden sind“, bemerken HACKBARTH und HUSFELD (1939). Ein solches Verfahren ist nicht zulässig, denn Vergleiche kann man nur anstellen, wenn die Partner unter denselben Bedingungen herangewachsen sind.

Für die Grünmasseerträge von *L. luteus* werden von HACKBARTH und TROLL (1959) folgende Zahlen genannt:

| | dt/ha Grünmasse | | | |
|---|---|---|---|---|
| | Versuche | Min. | Max. | Durchschnitt |
| a) Hauptfruchtnutzung | | | | |
| Süßlupine St. 8 | 44 | 119 | 702 | 389 |
| Süßlupine Weiko (– 1943) | 8 | 313 | 541 | 491 |
| Bitterlupinen (– 1943) | 40 | 216 | 585 | 477 |
| b) Zwischenfruchtnutzung | | | | |
| Süßlupinen (– 1943) | 10 | 209 | 441 | 280 |
| Bitterlupinen (– 1943) | 5 | 195 | 413 | 265 |

In diesen Vergleichsprüfungen wurden die Handelssaaten von Bitterlupinen-Landsorten den alkaloidarmen Hochzuchtsorten gegenübergestellt. Abgesehen von den Kornerträgen in einzelnen Anbaujahren können wesentliche Unterschiede im Ertragsniveau alkaloidarmer und alkaloidhaltiger Gelblupinen nicht festgestellt werden.

Auch in der Anbauperiode nach dem 2. Weltkrieg wurde von SCHAEFER (1947), BAUMANN und THOMAS (1948), RENIUS (1949), TIEMANN (1952), BREDOW-STECHOW (1956), LECHNER (1956) und STREUBER (1958) der weitere Anbau bitterstoffhaltiger „anspruchsloser“ Gründüngungslupinen noch eindeutig befürwortet. Das Urteil dieser Autoren beruht im wesentlichen auf langjährigen praktischen Erfahrungen und eingehender Kenntnis der Lupinen-Anbaubedingungen. Über vergleichende Ertragsfeststellungen wurde in der gegenwärtigen Anbauperiode von KRESS (1952), TROLL (1956b), SULINOWSKI (1958), VOGEL (1959) und BÖHL (1959) berichtet.

In einem Sortenvergleich erwies sich 1951 in Gülzow die Zuchtsorte „Gülzower Süße Gelbe“ einer Bitterlupinen-Handelssaat um 9% überlegen. — Im Rahmen von Sortenprüfungen hat TROLL (1956b) in Müncheberg mehrjährige Korn- und Grünmasseertragsvergleiche zwischen alkaloidhaltigen und alkaloidarmen Sorten von *L. luteus* vorgenommen. Den Vergleich der erzielten Durchschnittserträge vermittelt die Tabelle 2.

Die jährlich beobachteten beachtlichen Ertragsdifferenzen gaben in Müncheberg den Anstoß zu speziellen Untersuchungen über die Vitalitätsbeeinflussung bei alkaloidarmen *L. luteus* (TROLL 1956a, 1956b).

SULINOWSKI (1958) führte 9 Anbauvergleiche in Polen durch und stellte fest, daß die alkaloidhaltige Gelblupine der alkaloidarmen Futterlupine mit gesprenkelter Kornfarbe im Durchschnitt um 11%, der weißkörnigen Süßlupine um durchschnitt-

Tabelle 2
Ertragsvergleiche zwischen alkaloidhaltigen und alkaloidarmen Sorten von *L. Luteus* in Müncheberg (nach TROLL)

| Sorte | Kornertrag 1950/56 | | Grünmasseertrag 1953/55 | |
|---|---|---|---|---|
| | dt/ha | rel. | dt/ha | rel. |
| „Weiko II" | 14,3 | 101 | 296,0 | 83 |
| „Weiko III" | 14,2 | 100 | 357,8 | 100 |
| „Gülzower" | 18,6 | 131 | 316,7 | 89 |
| „Schwako" | 20,1 | 142 | 360,0 | 101 |

lich 15% im Kornertrag überlegen war. Dagegen zeigten sich in 11 Grünmasseertragsvergleichen keine wesentlichen Leistungsunterschiede zwischen gelbblühenden Gründüngungs- und Futterlupinen.

In Zwischenfruchtversuchen hat VOGEL (1959) auf leichtestem Sandboden in Bayern eine klare Überlegenheit alkaloidhaltiger Gelblupinen zu Gründüngungszwecken beobachtet. Die höhere Gründüngungswirkung gegenüber gelben Süßlupinen ließ sich im nachfolgenden Kartoffelanbau nachweisen.

Auf Grund von Berichten der Zentralstelle für Sortenwesen und Müncheberger Sortenversuchen (nach TROLL 1956a, 1956b) sowie eigenen Beobachtungen weist BÖHL (1959) auf unterschiedliche ökologische Ansprüche von Süß- und Bitterlupinen hin. Es wird die Forderung erhoben, eine anspruchslose, trockenheitsresistente Süßlupine für leichte Sandböden zu züchten, „da die heutigen Süßlupinensorten anspruchsvoller und weniger dürrefest sind als die alten gelben Bitterlupinen".

An diese Meinungsäußerungen und die mitgeteilten Ertragsvergleiche zum „Bitterlupinen-Problem" in der Süßlupinen-Anbauperiode knüpfen die vom Verfasser durchgeführten Untersuchungen an.

Im Verlaufe des nunmehr 25jährigen praktischen Süßlupinenanbaues haben sich die Ertragsrelationen alkaloidarmer Lupinen im Vergleich zu den alkaloidhaltigen Ausgangsformen verändert, denn vor dem 2. Weltkrieg sind geringere Ertragsunterschiede als im letzten Anbaujahrzehnt zu verzeichnen.

## 2. Material und Methodik eigener Anbauvergleiche

Ziel der durchgeführten Untersuchungen sollte es sein, die ökologischen Ansprüche alkaloidarmer und alkaloidhaltiger Formen von *Lupinus luteus* in vergleichendem Anbau auf extrem leichten Sandböden zu prüfen, um festzustellen, ob eine Wiederzulassung von Bitterlupinen gerechtfertigt ist und für welche Standorte deren Anbau gegebenenfalls zugestimmt werden kann.

In den pflanzenbaulichen Vergleichsprüfungen wurden die alkaloidarmen Gelblupinen „v. Sengbuschs Müncheberger Gelbe Grünfutter-Süßlupine St. 8", die Müncheberger gelben Süßlupinen „Weiko II" und „Weiko III" sowie der Müncheberger St. N 1/56 („Weiko IV") und die „Gülzower Süße Gelbe" der alkaloidhaltigen Sorte „Schwako" und einer alkaloidhaltigen Landsorte (Herkunft Darßgebiet) gegenübergestellt. Damit umfaßte das Prüfungssortiment die gesamte genetische Entwicklungsreihe der deutschen Gelblupinenzuchten mit Ausnahme der Sorte „Sulfa".

Schwierigkeiten in der Beschaffung eines qualitativ gleichbleibenden Saatgutmaterials von allen Vergleichssorten ergaben sich in den einzelnen Versuchsjahren beim Stamm 8, der „Weiko II“ und der Bitterlupinen-Landsorte. Von der früheren Müncheberger Zuchtsorte „v. Sengbuschs Gelbe Grünfutter-Süßlupine St. 8“ stand nur in begrenztem Umfang Versuchssaatgut zur Verfügung, demzufolge konnte dieser Zuchtstamm nicht in alle Vergleichsprüfungen aufgenommen werden. Beachtliche Mängel waren im Versuchsjahr 1959 in der Saatgutqualität der bitteren Landsorte (Herkunft Pruchten, ca. 50% KF) und der ehemaligen Zuchtsorte „Weiko II“ (Herkunft Trebatsch, 65% KF) festzustellen. Obwohl die Aussaatmengen unter Berücksichtigung der schlechten Keimfähigkeit entsprechend gesteigert wurden, entwickelten sich auf den jeweiligen Parzellen nur ungleichmäßige Bestände.

Die in den Jahren von 1957 bis 1959 durchgeführten Feldversuche erstreckten sich auf den Hauptfruchtanbau zur Körnergewinnung, auf den Zwischenfruchtanbau zur Grünfuttergewinnung und auf das Studium der Bewurzelungsverhältnisse von *Lupinus luteus*[1].

Folgende Versuchsstandorte wurden für die Vergleichsprüfungen herangezogen:

1. Kusey-Lupitz/Altmark (1957 bis 1959)
2. Uelitz, Kreis Schwerin (1957 bis 1959)

3a Borg-Neuhof bei Ribnitz (1958 und 1959)
3b Biestow bei Rostock (1959)

Von insgesamt 16 Feldversuchen konnten 6 Hauptfruchtversuche (Kornertrag) und 6 Zwischenfruchtversuche (Grünfutterertrag) ausgewertet werden. In zwei Versuchen (Lupitz 1957, Ribnitz 1958) wurde wegen ungünstigen Witterungsverlaufes und Grundwassereinfluß die Körnerreife nicht erreicht, während zwei andere Versuche (Lupitz 1959) vollständig vertrockneten.

Eine wesentliche Versuchsvoraussetzung bildete die Berücksichtigung des Herkunftswertes. Das verwendete Saatgut des Prüfungssortimentes wurde in allen drei Jahren von der Zuchtstation Müncheberg/Mark (bzw. Trebatsch) bezogen. Lediglich die in den Jahren 1958 und 1959 mitgeprüfte alkaloidhaltige Gründüngungslupine, eine Landsorte aus dem Darßgebiet, hatte einen anderen Herkunftswert. Als Bezugsgröße wurde in allen Versuchsauswertungen die gegenwärtig im Anbau am meisten verbreitete Müncheberger alkaloidarme Zuchtsorte „Weiko III“ gewählt.

Die acker- und pflanzenbaulichen Voraussetzungen (Bodenvorbereitung, Düngung, Saatzeit, Ernte usw.) wurden einem „normalen“ Körnerlupinen- bzw. Grünfutteranbau angepaßt. Bei einer Reihenentfernung der Drillsaat von 20 cm wurde eine für alle Prüfglieder einheitliche Aussaatmenge: im Hauptfruchtanbau zur Samengewinnung von 150 kg/ha, im Zwischenfruchtanbau zur Grünfutternutzung von 180 kg/ha verwendet (TKM-Bezugsgröße = Sortenmittel). Alle Versuche wurden mit einer Teilstückgröße von 20 bzw. 16 m² Erntefläche im „lateinischen Rechteck“ (Fisher-Blockanlage) mit 4 bzw. 5 Wiederholungen angelegt und varianzanalytisch verrechnet.

Zur Vermeidung von Hasenschäden wurden die Versuche grundsätzlich in größere Lupinenschläge gelegt. Durch zusätzlichen, vorbeugenden Einsatz von Cornitol (oder Stinköl) konnte eine befriedigende Fernhaltung der Hasen erreicht werden.

[1] Über die Wurzelstudien wird in einem folgenden Beitrag berichtet.

Tabelle 3

Bodenuntersuchungswerte der Versuchsstandorte

| Standort | | Bodenwertzahl | Schlämmanalyse nach Atterberg | | | pH-Wert (KCl) | mg/100 g Boden | | |
|---|---|---|---|---|---|---|---|---|---|
| | | | abschlämmbar >0,02 | Feinsand 0,02–0,2 | Grobsand 0,2–2,0 | | $K_2O$ | $P_2O_5$ | Humus |
| Lupitz | K | S 3D | 7,9 | 23,5 | 68,6 | 5,03 | 4,3 | 6,8 | 1032 |
| | U | 29/29 | 3,5 | 16,7 | 79,8 | 5,35 | 1,8 | 2,1 | 129 |
| Uelitz | K | S 5D | 7,0 | 23,2 | 69,8 | 5,08 | 7,2 | 3,6 | 2296 |
| | U | 16–18 | 6,3 | 25,1 | 68,6 | 4,98 | 6,6 | 1,9 | 555 |
| Ribnitz | K | S 5D | 3,8 | 76,1 | 20,1 | 4,50 | 7,0 | 7,0 | 1342 |
| (Neuhof) | U | 19/19 | 2,3 | 87,9 | 9,8 | 3,87 | 5,0 | 9,0 | 1006 |
| Biestow | K | Sl 4D | 7,4 | — | — | 5,01 | 9,0 | 13,0 | 980 |
| | U | 31/31 | 6,4 | — | — | 4,81 | 5,0 | 10,0 | 658 |

K = Krume U = Untergrund

Eine zusammenfassende Übersicht zur Bodencharakteristik der Versuchsstandorte ist der Tabelle 3 zu entnehmen.

Für den „historischen" altmärkischen Lupinenstandort Lupitz sind von SCHULTZ—LUPITZ wiederholt eingehende Standortbeschreibungen geliefert worden (1881, 1891a, 1891b, 1895). Der Lupitzer Diluvialsandboden zeigt eine stark wechselnde Beschaffenheit; die deutsche Bodenschätzung (ausgeführt 1950) hat ihr Bonitierungsergebnis durchweg als anlehmiger/lehmiger Sand bezeichnet, nur wenige Teilflächen wurden als Sandboden angesprochen (Versuchsstandort = S 3D 29/29).

Die Einschätzung der Böden ist infolge der humosen tiefen Ackerkrume (bedingt durch das Lupitzer Wirtschaftssystem) sehr hoch vorgenommen worden. Der Versuchsstandort ist ein grundwasserferner Sandboden in einem sehr schlechten Bewirtschaftungszustand.

Die Regensandböden der „Griesen Gegend" im südwestlichen Teile Mecklenburgs wurden von HENNING (1952) eingehend beschrieben: Der Versuchsstandort gehört zu den grob- bis feinkiesigen, nährstoffarmen, grundwasserfernen Sandböden, die Bodenschätzung wies als Klassifizierung S 5D 16—18 aus.

Die Versuchsstandorte Borg-Neuhof bei Ribnitz sind nach den Bodenverhältnissen anders zu beurteilen als die grobsandigen Regensandböden der Versuchsorte Lupitz und Uelitz, es sind „weiche" Grundwasserböden mit hohem Feinsandanteil. Der diluviale Sand ist als feiner grauer Heidesand zu bezeichnen, er ist zum Teil dünenartig überweht. Von der Bodenschätzung wurde die Bodenklassifizierung als S 5 D 19/19 angesprochen. Die schwach humose Krume bis zu 25 cm hebt sich kaum vom Untergrund ab. Der feinkörnige, strukturlose Sandboden ist für die landwirtschaftliche Nutzung nur deswegen noch brauchbar, weil die grundwasserdurchfeuchtete Bodenzone bei 110 cm beginnt und den tiefwurzelnden Pflanzen dadurch ein Wasserreservoir geboten wird. Der Bewirtschaftungszustand ist denkbar ungünstig.

1959 wurden auf einem anlehmigen Sandboden (Sl 4D 31/31) in Biestow weitere Parallelversuche durchgeführt. Auch hier handelt es sich um einen armen, grundwasserfernen, strukturlosen Sandbodenstandort, der Untergrund enthält aber von 1 m Tiefe an starke Lehmschichten.

Der Witterungsverlauf in den 3 Untersuchungsjahren zeigte besonders in bezug auf die Niederschlagsverteilung im Vergleich zum langjährigen Mittel beachtliche Abweichungen, die auf die Ertragsbildung in mehreren Fällen einen großen Einfluß ausübten. Für die Ertragsleistungen dieser Sandböden ist die jährliche Niederschlagsmenge von entscheidender Bedeutung (Tab. 4).

Tabelle 4
Niederschlagssummen in mm

| Versuchsjahre/Versuchsorte | | Lupitz | Uelitz | Ribnitz | Biestow |
|---|---|---|---|---|---|
| | Mittel 1901/50 | 560 | 604 | 629 | 600 |
| Jahresmittel | 1957 | 548 | 607 | — | — |
| | 1958 | 654 | 577 | 649 | — |
| | 1959 | 339 | 366 | 464 | 396 |
| April—Juni | 1957 | 85 | 127 | — | — |
| | 1958 | 190 | 139 | 200 | — |
| | 1959 | 76 | 87 | 143 | 112 |
| Juli—September | 1957 | 207 | 228 | — | — |
| | 1958 | 191 | 180 | 172 | — |
| | 1959 | 106 | 150 | 142 | 135 |

Bei einem langjährigen Temperaturmittel von 8,5 bzw. 8,4 °C und günstigen Mittelwerten der relativen Luftfeuchtigkeit in der Vegetationsperiode sowie einem Niederschlagsmaximum im Juli/August kann sowohl die Altmark als auch die „Griese Gegend" zu den günstigen Zwischenfruchtanbaugebieten gerechnet werden. Das trifft besonders für den Stoppelsaatenanbau zu, da die Winterroggenernte in diesen Gebieten bereits um den 15. Juli herum beginnt.

Dagegen liegen im maritimen Küstenbereich auf den Versuchsstandorten Ribnitz und Biestow — die Jahresmittel der Lufttemperatur erreichen 8,0 bzw. 8,1 °C — für den Sommerzwischenfruchtanbau wegen der späteren Reifetermine des Getreides ungünstigere Verhältnisse vor.

Besonders im Ribnitzer Boddengebiet ist auch während der Vegetationsperiode eine hohe relative Luftfeuchtigkeit zu verzeichnen, dazu kommt in den Herbstmonaten eine starke Nebelbildung, die das Trocknen der Samenlupinen erheblich erschweren kann (Versuchsjahr 1958). Durch die klimatische Gunst und die zusätzliche Wasserversorgung aus dem Grundwasser werden am Ribnitzer Standort die ungünstigen Bodenverhältnisse wieder ausgeglichen.

Als entscheidendes Kriterium für die Auswertung der Ergebnisse und die pflanzenbauliche Einschätzung der Standortansprüche des Prüfungssortimentes wurde der Einfluß des Bodens und des Witterungsverlaufes auf den Entwicklungsrhythmus und den Ertrag der jeweiligen Lupinen-„Sorten" angesehen.

## 3. Ergebnisse aus dem Haupt- und Zwischenfruchtanbau

Allgemein bekannt ist die Tatsache, daß die gelbe Lupine die geringsten Bodenverschiedenheiten sicher anzeigt (ROEMER 1927, BECKER-DILLINGEN 1929, ZADE 1933, KLAPP 1951), das betrifft sowohl die Bodenqualität, die Verschiedenartigkeit des Untergrundes und die Wasserführung als auch die Bodenreaktion und den Kalk- und Nährstoffzustand. Die Prüfung der Leistungsfähigkeit von Lupinensorten im Drillversuch auf Diluvialsandböden kann hierdurch sehr erschwert werden. In Trockenjahren treten alle ungünstigen Einflüsse, die auf den Standort zurückzuführen sind und den Wachstumsverlauf mitbestimmen, verstärkt in Erscheinung.

Die Mittelwerte der unter extremen Boden- und Witterungsverhältnissen durchgeführten Feldversuche werden in der Tabelle 5 mitgeteilt.

Tabelle 5

Ergebnisse der dreijährigen Anbauvergleiche (Mittelwerte)

| Sorte/Stamm | Hauptfruchtversuche | | | | Zwischenfruchtversuche | | | |
|---|---|---|---|---|---|---|---|---|
| | Kornertrag | | Strohertrag | | Grünmasse-ertrag | | Trockensub-stanzertrag | |
| | dt/ha | rel. | dt/ha | rel. | dt/ha | rel. | dt/ha | rel. |
| „Schwako" | 13,72 | 152 | 52,6 | 125 | 200,4 | 155 | 18,4 | 132 |
| „Gülzower Süße Gelbe" | 12,29 | 136 | 50,6 | 120 | 160,9 | 124 | 16,0 | 115 |
| „Weiko III" | 9,02 | 100 | 42,0 | 100 | 129,3 | 100 | 13,9 | 100 |
| Bitterlupine Landsorte | 14,79 | 165 | 50,1 | 119 | 160,9 | 124 | 16,2 | 116 |
| Stamm 8 | 12,49 | 138 | 48,8 | 116 | — | — | — | — |
| „Weiko II" | 9,57 | 106 | 44,1 | 105 | 125,2 | 97 | 12,1 | 87 |
| St. N 1/56 | 7,56 | 84 | 34,6 | 82 | 111,1 | 86 | 11,4 | 82 |

Bemerkt werden muß hierzu, daß ein „realer Anbauvergleich" nur für die Sorten „Weiko III", „Gülzower Süße Gelbe" und „Schwako" ausgewertet werden kann. Die Bitterlupinen-Landsorte, der Stamm 8 und der Stamm N 1/56 durchliefen nicht das volle Versuchsprogramm. Hinzu kam, daß im Versuchsjahr 1959 eine geringe Keimfähigkeit der Bitterlupinen-Landsorte und „Weiko II" die Ursache verminderter Erträge waren.

Zur Kornertragsprüfung wurden in drei Erntejahren insgesamt neun Anbauvergleiche angelegt.

Auf eine anhaltende Trockenperiode im Frühsommer des Jahres 1957 antworteten die Sorten mit sehr unterschiedlicher Reaktion. Während im Juni der extreme Witterungsverlauf die Pflanzenentwicklung aller Sorten stark hemmte, hatten reichliche Niederschläge in der ersten Juli-Hälfte zur Folge, daß ein erneutes vegetatives Wachstum mit starker, fortdauernder Blühneigung bis in den August hinein einsetzte. Eine starke Nebentriebbildung und große Blühfreudigkeit zeigte besonders die Sorte „Schwako", wodurch nicht nur eine Reifeverzögerung, sondern auch eine geringere Kornertragsleistung zu verzeichnen war. Den Weiko-Sorten waren in den Kornerträgen die Süßlupine St. 8 und „Gülzower Süße Gelbe" signifikant überlegen.

Im Versuchsjahr 1958 kamen als neue Prüfglieder die Bitterlupinen-Landsorte und der St. N 1/56 hinzu, der Wachstumsverlauf aller Versuchsvarianten war auf Grund günstiger Witterungsbedingungen sehr gut. Deutliche Entwicklungsunterschiede im Höhenwachstum (s. Abb. 4, linke Säulen) ließen in Lupitz — ebenso wie in Uelitz — bei der ersten Bonitierung am 20. Juni besonders die drei Weiko-Typen erkennen. In den folgenden Wochen wurden alle Süßlupinen von den Wuchsleistungen der bitterstoffhaltigen Sorten übertroffen.

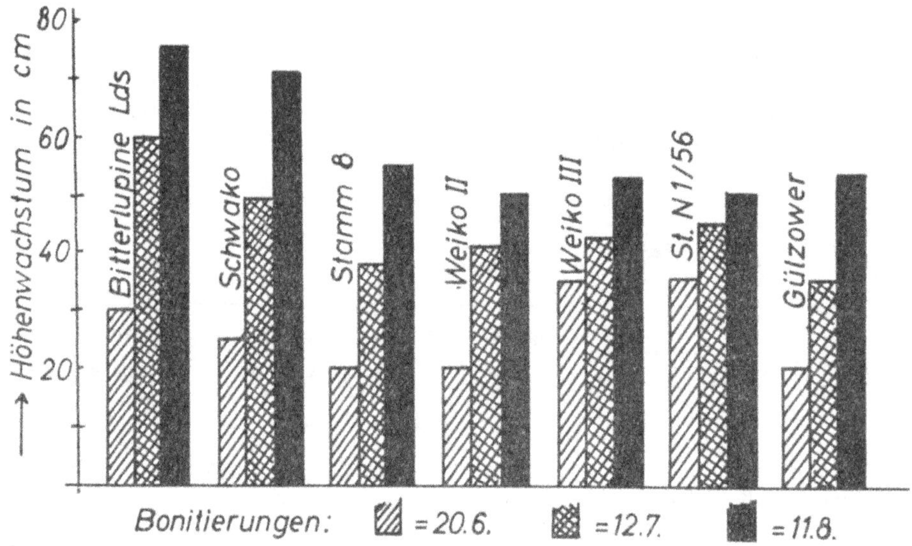


Abb. 4: Höhenwachstum von *L.-luteus*-Sorten im Hauptfruchtanbau (Lupitz 1958)

Statistisch gesicherte Mehrerträge brachten in den Lupitzer und Uelitzer Versuchen 1958 nur die alkaloidhaltigen Gelblupinen, von den alkaloidarmen Sorten lagen die „Gülzower Süße Gelbe", der St. 8 und die „Weiko II" in besseren Ertragsrelationen als „Weiko III" und der hochwüchsige Zuchtstamm N 1/56.

Völlige Witterungsextreme, besonders in der westlichen Altmark, brachte das Dürrejahr 1959: Es war für Lupitz das trockenste Jahr seit dem Beginn der meteorologischen Beobachtungen (1881). Sowohl die Frühjahrs- als auch die Zwischenfruchtansaaten des Sommers sind restlos vertrocknet.

Auf der Anfang April bestellten Versuchsfläche war nach der Bonitierung im Mai noch eine normale Bestandesentwicklung zu erwarten, dann ist der Versuch nach der ungewöhnlichen Trockenheit aber völlig unbrauchbar geworden. Als letzte Bonitierung der Trockenschäden am 26. 6. 1959 wurde das in Tabelle 6 zusammengefaßte Ergebnis ermittelt.

Bonitierungsschlüssel = Grad der Vertrocknung

1 = ausgeglichener, geschlossener Bestand, volle Blütentrauben, Wuchshöhe ca. 20 cm

2 = Bestand mit einzelnen Lücken, verminderter Blütenansatz, Wuchshöhe 15—20 cm

3 = starke Ungleichmäßigkeit, vertrocknete Blüten, Wuchshöhe 10—15 cm

4 = Parzelle bis auf Einzelpflanzen von unterschiedlicher Wuchshöhe vertrocknet

5 = Parzelle restlos vertrocknet

Eine völlige Mißernte war auch im Parallelversuch Uelitz zu verzeichnen, die gewonnenen Ergebnisse zeigen eine gute Übereinstimmung zur Bonitierung der Trockenschäden im Versuch Lupitz. Durch die trockene Witterung wurden die unterschiedlichen Standortansprüche der einzelnen Sorten besonders deutlich sichtbar.

Die dunkellaubigen, normalwüchsigen Formen — Bitterlupinen, Stamm 8, „Weiko II", „Gülzower Süße Gelbe" — zeigten im Bestandesbild eine größere Aus-

Tabelle 6
Bonitierungsergebnis im Hauptfruchtversuch
Lupitz 1959

| Sorte/Stamm | Ermittelte Bonitierungsnoten | | | | | | Rang |
|---|---|---|---|---|---|---|---|
| | a | b | c | d | e | Mittel | |
| „Schwako" | 2 | 1 | 1 | 2 | 2 | 1,6 | 1 |
| Bitterlupine Landsorte | 2 | 2 | 3+ | 2+ | 2+ | 2,15 | 2 |
| Müncheberger St. 8 | 3 | 2− | 3 | 4 | 3 | 3,05 | 3 |
| „Weiko II" | 4+ | 3 | 2− | 4 | 4+ | 3,55 | 4 |
| „Gülzower Süße Gelbe" | 4 | 4 | 4 | 4− | 2− | 3,7 | 5 |
| „Weiko III" | 4 | 3− | 4 | 4 | 4− | 3,9 | 6 |
| Müncheberger St. N 1/56 | 4− | 5 | 3− | 4 | 4+ | 4,05 | 7 |

(± Abweichung mit 0,25 bewertet)

geglichenheit und widerstanden der Dürre besser als die frohwüchsigen und hochwüchsigen Varianten „Weiko III" und St. N 1/56.

Auf beiden Versuchsstandorten im Küstenbezirk wurden 1959 von der Bitterlupine „Schwako" und der „Gülzower Gelben Süßlupine" die höchsten Kornerträge erzielt, ein klarer Leistungsabfall war wiederum bei dem Stamm N 1/56 festzustellen.

In der Sorteneinschätzung der mehrjährig geprüften Varianten fällt die Standardsorte „Weiko III" nach den Kornertragsprüfungen sehr ab, sie ist allen geprüften *L.-luteus*-Sorten unterlegen, wenn von dem noch ertragsschwächeren St. N 1/56 abgesehen wird.

Da im Hauptfruchtanbau keine Grünmassenerträge festgestellt wurden, können die Stroherträge aus dem Samenbau in gewisser Weise als Ersatz hierfür dienen. Ebenso wie die Kornertragsleistungen weisen auch die Stroherträge direkte Beziehungen zu den Wuchseigenschaften der jeweiligen Sorten auf: Die geringsten Korn- und Stroherträge wurden von dem hochwüchsigen Stamm N 1/56 erzielt, etwas bessere Ertragsleistungen erreichte die frohwüchsige Sorte „Weiko III". Übertroffen werden diese beiden Zuchtvarietäten auf den leichten Sandböden aber eindeutig von allen normalwüchsigen Sorten, die auf Grund ihrer basalen Verzweigung einen größeren Stengel- und Blattapparat entwickeln.

Die gelbe Lupine hat für die Grünmassengewinnung im Zweitfrucht- oder Zwischenfruchtanbau auf leichten Böden eine große Bedeutung. In amtlichen Wertprüfungen und anderen Landesversuchen ist die Grünfutter-Zwischenfruchtnutzung versuchsmäßig nicht genügend berücksichtigt worden, ein Mangel, dem besonders auch in Lupinen-Zuchtstationen zu begegnen ist.

In den drei Versuchsjahren wurden insgesamt 7 Anbauvergleiche zur Grünmasseertragsfeststellung im Zwischenfruchtbau angelegt. Für die Sortenprüfungen im Zwischenfruchtbau waren im Herbst 1957 und 1958 gute, im Herbst 1959 sehr ungünstige Wachstumsbedingungen gegeben. Zu prüfen war in den durchgeführten Untersuchungen besonders die Frage, ob gelbblühende Lupinen mit schnellerer Jugendentwicklung in der ab Ende Juli noch zur Verfügung stehenden Vegetationsperiode eine höhere Grünmassenproduktion erreichen als die normalwüchsigen Formen.

Abb. 5: Entwicklungsrhythmus weißkörniger Gelblupinen, 40 Tage nach der Aussaat (Aufnahme: Uelitz 30. 8. 1959)

Die genetisch bedingten Entwicklungsunterschiede der Weiko-Typen (Abb. 5) zeichnen sich im Zwischenfruchtbau besonders deutlich ab.

Es konnte in den Bonitierungen aber immer wieder festgestellt werden, daß die als vorteilhaft erscheinende schnellere Jugendentwicklung mit einer geringeren Verzweigungsfähigkeit bzw. einer Einstengeligkeit im Zusammenhang steht, wodurch in der Regel im Vergleich zum normalen Wuchstyp („Gülzower Süße Gelbe", Bitterlupinen) die Grünmassebildung vermindert wurde.

Die Höhenentwicklung der Zwischenfruchtlupinen in Uelitz bis zum Grünschnitt im Herbst veranschaulicht die Abbildung 6.

Aus den Versuchsergebnissen (Tab. 5) ist zu ersehen, daß der hochwüchsige Zuchtstamm N 1/56 in den Grünmasse- und Trockensubstanzerträgen eindeutig unterlegen ist und daß auch die frohwüchsige Standard-Sorte „Weiko III" nicht mit den normalwüchsigen Formen konkurrieren kann. Auf den leichten Sandböden nimmt auch im Zwischenfruchtanbau die alkaloidhaltige Gründüngungslupine „Schwako" eine dominierende Stellung ein, im Durchschnitt von 6 Vergleichs-

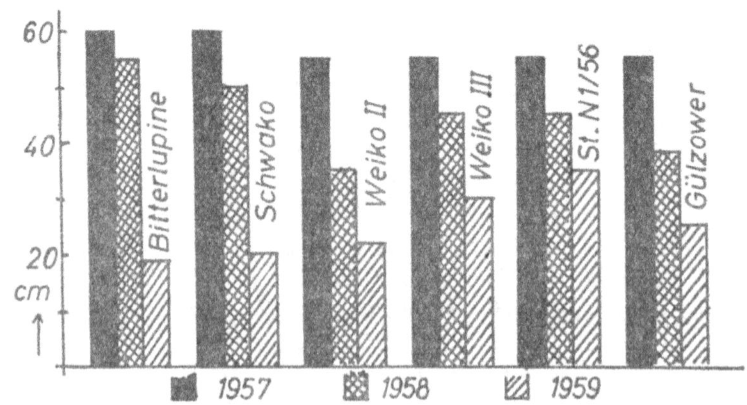


Abb. 6: Höhenwachstum von *L.-luteus*-Sorten im Zwischenfruchtbau (Uelitz 1957—1959)

prüfungen in drei Anbaujahren wurde ein Grünmasseertrag von 200 dt/ha ermittelt. Diese Ertragsleistungen wurden auf armen Sandböden z. T. unter ungünstigen Witterungsbedingungen erzielt, sie beweisen daher auch, daß die alkaloidhaltige Gründüngungslupine auf solchen Standorten das beste Anpassungsvermögen besitzt.

Von den alkaloidarmen Gelblupinen ist der „Gülzower Süßen Gelben" auf Grund ihrer höheren Ertragsleistungen (im Vergleich zur Müncheberger „Weiko III") eine gute Eignung als Futterlupine des Zwischenfruchtbaues zuzuschreiben. In dieser Rangfolge: Bitterlupine „Schwako" — „Gülzower Süße Gelbe" — „Weiko III" — St. N 1/56, wurden also im Zwischenfruchtbau die gleichen Ertragsrelationen wie beim Samenbau gefunden.

## 4. Diskussion der Ergebnisse und Schlußfolgerungen

In den vorliegenden Versuchsergebnissen werden die Ertragsleistungen alkaloidhaltiger und alkaloidarmer Formen von *L. luteus* im Haupt- und Zwischenfruchtanbau gegenübergestellt. Diese vergleichende Darstellung kann als pflanzenbauliche Einschätzung des geprüften *L.-luteus*-Sortimentes gewertet werden und einen Beitrag zur Frage der Vitalitätsbeeinflussung bei gelbblühenden Lupinen im Verlauf ihrer züchterischen Entwicklung liefern.

Die vor dem 2. Weltkriege durchgeführten exakten Anbauvergleiche hatten ergeben, daß die alkaloidarmen Futterlupinen den im Handel befindlichen Bitterlupinen-Landsorten nicht unterlegen waren. Auf Grund der annähernd gleichen Korn- und Grünmasseertragsleistungen der damaligen Züchtungsauslesen „v. Sengbuschs Müncheberger Gelbe Grünfutter-Süßlupine St. 8" und „Müncheberger Weiko I" erschien eine starke Einschränkung des Bitterlupinenanbaues (*L. luteus*) durchaus gerechtfertigt.

Nach dem 2. Weltkrieg wurden zunächst keine pflanzenbaulichen Vergleichsprüfungen mehr vorgenommen, so daß den vielfach aus der Praxis gebrachten Argumenten — daß die Süßlupine höhere Ansprüche an den Standort stellt als die Bitterlupine — eine wissenschaftlich begründete Bestätigung fehlte. Erst in den Untersuchungen von TROLL (1956a, 1956b) wurde begonnen, das Ausmaß der Vitalitätsbeeinflussung bei alkaloidarmen Lupinen eingehender zu prüfen.

Auf Grund der unter extremen Boden- und Witterungsverhältnissen durchgeführten Anbauversuche kann nunmehr eine klare Wertschätzung im Hinblick auf die Standortansprüche gelbblühender Lupinen gegeben werden: Die alkaloidhaltigen Gelblupinen vermögen sich ungünstigen Bodenverhältnissen, einem mangelhaften Nährstoff- und Reaktionszustand sowie einer schlechten Wasserversorgung besser anzupassen und sind somit anspruchsloser als alkaloidarme Gelblupinen.

Weiterhin kann aus den Ergebnissen abgeleitet werden, daß unter derartigen Bedingungen die Bestockungstypen der gelben Lupine (Bitterlupinen, St. 8, „Gülzower Süße Gelbe") den frohwüchsigen und hochwüchsigen Wuchstypen („Weiko III", St. N 1/56) eindeutig überlegen sind, daß also die erstgenannten Formen ungünstige Wachstumsbedingungen besser überwinden als die höher gezüchteten anspruchsvolleren Wuchsformen.

Daraus erklärt sich auch, daß in dem letzten Anbaujahrzehnt größere sortenbedingte Ertragsunterschiede zwischen alkaloidhaltigen und alkaloidarmen *L. luteus* zu verzeichnen waren als in der Anbauperiode vor dem 2. Weltkrieg. Sehr naheliegend ist daher die Vermutung, daß der erneute Rückgang der Süßlupinen-Anbauflächen seit 1952/53 mit der gleichzeitigen Einführung der anspruchsvolleren, frohwüchsigen Müncheberger gelben Süßlupine „Weiko III“ zusammenhängen kann, denn von dieser Sorte wurden in den letzten Jahren über 80% aller Lupinenanbauflächen eingenommen. Wenn für den abnehmenden Umfang des Lupinenbaues auch mehrere Faktoren mitbestimmend sind, so steht doch fest, daß in der gegenwärtigen Anbauperiode eine sortenmäßige Differenzierung erforderlich ist und nicht mehr schlechthin von der anspruchslosen Lupinenart *L. luteus* gesprochen werden kann.

Auf ungünstigen Standorten sind alkaloidarme Formen den alkaloidhaltigen in der Vitalität und Robustheit unterlegen. Beim Anbau von Futterlupinen auf unfruchtbaren Sandböden wird der Bewirtschaftungszustand in stärkerem Maße zum Gradmesser der Ertragsleistungen als es bei alkaloidhaltigen Gründüngungsformen der Fall ist.

Die Umstände zwingen dazu, den Anbau alkaloidhaltiger Gründüngungslupinen wieder zu erweitern, da auf diesen Standorten im Interesse der Erhaltung der Bodenfruchtbarkeit auf einen Leguminosenanbau nicht verzichtet werden kann und gegenwärtig keine anspruchslosen, alkaloidarmen Formen vorhanden sind. Um den Schwierigkeiten mit dem Anbau hartschaliger Landsorten zu entgehen, wurde vom Sortenzulassungsausschuß des Ministeriums für Landwirtschaft, Erfassung und Forstwirtschaft als alkaloidhaltige Gelblupine der Zuchtstamm „Schwako“ mit weitgehend weichschaligen Samen in schwerplatzenden Hülsen in das Sortiment aufgenommen. Diese Maßnahme wird nur als Übergangslösung angesehen und ist nur solange gerechtfertigt, bis genügend Saatgut von anspruchslosen alkaloidarmen Lupinensorten zur Verfügung steht.

Innerhalb des Süßlupinen-Sortimentes stellen der „Müncheberger Stamm 8“ und die „Gülzower Süße Gelbe“ geringere Ansprüche an den Standort als die „Weiko III“ und der Stamm N 1/56 („Weiko IV“). Daß „v. Sengbuschs Müncheberger Gelbe Grünfutter-Süßlupine St. 8“ in der Leistungsfähigkeit den bitteren Ausgangsformen sehr nahe steht, wurde nicht nur in früheren Anbauvergleichen (HACKBARTH-HUSFELD 1939, MEYLE 1939, 1940), sondern auch im letzten Anbaujahrzehnt von TROLL (1956a, 1956b) nach wiederholt durchgeführten Aussaatzeitversuchen und Vergleichsprüfungen bewiesen und durch die Untersuchungen des Verfassers bestätigt.

Die „Gülzower Gelbe Süßlupine“ ist im Leistungsvermögen unter extremen Standortbedingungen dem Stamm 8 etwa gleichzusetzen und übertrifft eindeutig die Müncheberger „Weiko III“. Besonders die letztgenannte Feststellung, die auch von TROLL (1956a, 1956b) hervorgehoben wurde, leitet zu einem für die Pflanzenzüchtung und den praktischen Pflanzenbau gleich wichtigen Problem über, inwieweit Vitalität und Leistungsfähigkeit gelbblühender Lupinen im Verlauf ihrer züchterischen Entwicklung von der Veränderung des Alkaloidgehaltes, der Kornfarbe oder des Wachstumsrhythmus’ beeinflußt worden sind.

Eine Isolierung der hier auftretenden kausalen Zusammenhänge auf einzelne Teilfragen ist recht schwierig und eine klare, eindeutige Aussage kaum zu treffen. Das Ausmaß der Vitalitätsbeeinflussung wird durch mehrere bereits als erblich erkannte Faktoren gekennzeichnet, wobei die Vielzahl der rezessiven Gene in unseren Hochzuchtsorten kaum noch eine Identifizierung der einzelnen ertragbeeinflussenden

Gene zulassen dürfte. Die qualitativen Veränderungen der genetischen Konstitution des *L.-luteus*-Sortimentes weisen auf verschiedene Möglichkeiten einer „Ertragsbeeinflussung" hin (GÄDE 1960).


## Zusammenfassung

An die erstmalig 1934 erfolgte Einführung alkaloidarmer, gelbblühender Lupinen (*Lupinus luteus*) in die landwirtschaftliche Praxis wurden große Hoffnungen geknüpft. Die Erwartungen, durch diese wertvolle Futterpflanze einen neuen Aufschwung des Lupinenanbaues zu erreichen und die nur zur Gründüngung verwendbaren alkaloidhaltigen Formen weitgehend zu ersetzen, haben sich nicht erfüllt.

Die von der Praxis immer wieder behaupteten höheren Standortansprüche alkaloidarmer Formen finden in der regionalen Standortverteilung beider Formen eine gewisse Bestätigung; in den letzten 25 Jahren ist der Lupinenanbau auf geringwertigen Sandböden entschieden zurückgegangen.

Während ältere Versuchsanstellungen, über die ausführlich berichtet wird, eine Gleichwertigkeit alkaloidhaltiger und alkaloidarmer Formen ausweisen, zeigen die vom Verfasser in den Jahren von 1957 bis 1959 auf extrem armen Sandböden bei teilweise ungünstigen Witterungsbedingungen durchgeführten Anbauvergleiche im norddeutschen Raum eindeutige Sortenunterschiede.

Die alkaloidhaltige Zuchtsorte „Schwako" erwies sich unter diesen Bedingungen der Standardsorte „Weiko III" im Korn- wie im Zwischenfrucht-Grünmasseertrag um 30—35% überlegen. Innerhalb der alkaloidarmen Formen war „Gülzower Süße Gelbe" der „Weiko III" signifikant überlegen, während der Zuchtstamm N 1/56 stark abfiel.

Die Prüfung des Zuchtmaterials auf zu günstigen Standorten und die Bevorzugung der im letzten Jahrzehnt angebauten frohwüchsigen Formen werden als wesentliche Ursache der gestiegenen Standortansprüche genannt.

Die im gegenwärtigen Sortiment nachgewiesene eindeutig bessere Anbaueignung alkaloidhaltiger Formen auf armen Sandböden rechtfertigt zur Förderung der Bodenfruchtbarkeit auf diesen Standorten die Zulassung der Sorte „Schwako", bis alkaloidarme Formen mit ähnlich geringen Standortansprüchen vorliegen. Die erhebliche Streubreite innerhalb des Sortimentes der geprüften alkaloidarmen Formen läßt dieses Zuchtziel erreichbar erscheinen.



## Резюме

При внедрении бедного алкалоидами желтого люпина (*Lupinus luteus*) в сельскохозяйственное производство в 1934 году на эту культуру возлагали большую надежду. Но надежды при помощи этого ценного кормового растения добиться нового под'ема возделывания люпина и заменить алкалоидные формы, используемые только в качестве зеленого удобрения, не оправдались.

Всегда утверждаемые практикой более высокие требования бедных алкалоидами форм к местопроизрастанию находят известное подтверждение в региональном распределении мест произрастания; в последние 25 лет возделывание люпина на малоценных песчаных почвах значительно уменьшилось.

В то время, как более старые опыты, о которых подробно сообщается, показывают равноценность содержащих алкалоиды и бедных алкалоидами форм, проведенные с 1957 по 1959 гг. автором в северной Германии сравнительные опыты возделывания на предельно бедных песчаных почвах при отчасти неблагоприятных погодных условиях выявили ясные разницы между сортами.

Содержащий алкалоиды селекционный сорт „Швако“ при этих условиях превзошел стандартный сорт ,,Вейко III“ по урожаю зерна и зеленой массы в качестве промежуточной культуры на 30—35%. Среди бедных алкалоидами форм сорт ,,Гюлцовер Зюсе Гельбе“ значимо превзошел сорт ,,Вейко III“, в то время, как селекционный штамм N 1/56 сильно отставал.

Испытание селекционного материала на слишком благоприятных местах произрастания и предпочтение возделываемых в последнее десятилетие хорошо произрастающих форм считают существенной причиной повышенных требований к месту произрастания.

Доказанная в настоящем сортименте ясно лучшая пригодность содержащих алкалоиды форм к возделыванию на бедных песчаных почвах оправдывает апробацию сорта „Швако“ на этих местах произрастания для увеличения плодородия почвы, пока не имеются бедные алкалоидами формы со столь же низкими требованиями к месту произрастания. Значительные разницы испытанных бедных алкалоидами форм внутри сортимента оправдывают надежду, что эта цель селекции достижима.

## Summary

The alkaloid-deficient yellow lupin (*Lupinus luteus*) introduced into practice for the first time in 1934 gave rise to great hopes. But this valuable forage plant which was to give a new impetus to lupin growing and to replace extensively the alkaloid-containing forms which can only be used for green manuring did not come up to the expectations.

The higher environmental requirements of alkaloid-deficient forms again and again maintained by practice are to a certain extent confirmed by the regional site distribution of both forms. During the last 25 years lupin growing on inferior sandy soils decreased greatly.

While older investigations which are reported in detail indicate an equivalence of alkaloid-containing and alkaloid-deficient forms, the comparative cultivation trials in the North German area conducted by the author on extremely poor sandy soils under partly unfavourable weather conditions in 1957—1959 showed distinct varietal differences.

Under these conditions the alkaloid-containing bred variety „Schwako“ gave 30—35% higher grain and green mass yields, when grown as catch crop, as compared to the standard variety „Weiko III“. Among the alkaloid-deficient forms, the „Gülzower Süße Gelbe“ was significantly superior to „Weiko III“, whereas the bred strain N 1/56 was greatly inferior.

The examination of the breeding material for favourable sites and the preference given to thrifty forms grown during the last decade are looked upon as a substantial cause of the higher environmental requirements.

The obviously better suitability for cultivation of alkaloid-containing forms in poor sandy soils demonstrated by the present assortment justifies the admission of the

„Schwako“ variety for increasing the soil fertility on these sites until alkaloid-deficient forms with similarly low environmental requirements are available. The great range within the assortment of the examined alkaloid-deficient forms leaves hope that this breeding aim can be attained.

## Literaturverzeichnis


1. BAUMANN, H., und J. THOMAS: Futterbau und Gründüngung aus eigener Saat. 1948, Berlin, Dt. Zentralverl.
2. BECKER-DILLINGEN: Handbuch des Hülsenfruchtbaues. 1929, Berlin, Verl. P. Parey
3. BEISSNER, Th.: Beobachtungen beim Anbau der Süßlupinen. Dt. landwirtsch. Presse 1936, **63**, 478
4. BÖHL, K.: Zur Körnerproduktion und Sortenfrage bei gelben Lupinen. Dt. Landwirtsch. 1959, **10**, 73—76
5. BREDOW-STECHOW, v.: Vom Wert der bitteren Lupine. Mitt. Dt. Landwirtsch.-Ges. 1956, H. 4, 79
6. GÄDE, H.: Die Schaffung alkaloidarmer Formen bei Lupinus luteus in ihrem Einfluß auf den Lupinenanbau in Deutschland. 1960, Diss. Univ. Rostock
7. HACKBARTH und HUSFELD: Die Süßlupine. 1939, Berlin, Verl. P. Parey
8. HACKBARTH, J., und H. J. TROLL: Die Lupinenarten als Körnerleguminosen und Futterpflanzen. In: ROEMER-RUDORF: Handbuch der Pflanzenzüchtung. 1939, Bd. 2, Berlin, Verl. P. Parey
9. HACKBARTH, J.: Was leistet die Süßlupine als Futterpflanze. Dt. landwirtsch. Presse 1940, **22**, 191, 197
10. HACKBARTH, J., und H. J. TROLL: Lupinen als Körnerleguminosen und Futterpflanzen. In: KAPPERT, H., und W. RUDORF: Handbuch der Pflanzenzüchtung. 1959, 2. Aufl., Bd. IV, S. 1—51, Berlin, Verl. P. Parey
11. HAMANN, H.: Stand und Entwicklung der Süßlupinen-Hochzucht-Saatguterzeugung. Pflanzenbau 1939, **15**, 195—196
12. HENNING, H.: Der Schafschwingelsamenbau in der Griesen Gegend Mecklenburgs unter besonderer Berücksichtigung der unterschiedlichen Wurzelentwicklung der Herbst- und Frühjahrsaussaat. Wiss. Z. Univ. Rostock, Math.-Naturwiss. R., 1952, **2**, H. 4
13. HEUER, H.: Die wirtschaftliche Bedeutung des Hülsenfruchtbaues für Deutschland, die Ursachen für seinen Rückgang und die zur Erhöhung seiner Ertragssicherheit gegebenen Möglichkeiten. 1932, Diss. Berlin
14. KETTE, W.: Die Lupine als Feldfrucht. 1891, 9. Aufl., Berlin
15. KLAPP, E.: Lehrbuch des Acker- und Pflanzenbaues. 1951, 3. Aufl., Berlin, Verl. P. Parey
16. KRESS, H.: Von der gelben Bitterlupine zur gelben Süßlupine unter besonderer Berücksichtigung ihrer Unterschiede im praktischen Anbau. Dt. Landwirtsch. 1952, **3**, 142—146
17. LECHNER, L.: Sorten- und Herkunftsfragen bei Bitterlupinen. Mitt. Dt. Landwirtsch.-Ges. 1956, H. 19, 461—463
18. MEYLE, A.: Ertragssteigerung leichter Böden auf Grund elfjähriger Feldversuche. 1939, Neudamm, Verl. Neumann
19. MEYLE, A.: Höhere Süßlupinenerträge nach neuen Anbauerfahrungen. Dt. landwirtsch. Presse 1940, **13**, 104, 111, 122
20. NEUHAUS, A.: Etwas über die Düngung der Süßlupinen. Dt. landwirtsch. Presse 1938, **65**, 264
21. NICOLAISEN, W.: Der Anbau der gelben Süßlupine zur Erzeugung von wirtschaftseigenem Eiweißfutter für die Milchviehfütterung. Dt. landwirtsch. Presse 1938, 129—130
22. OPITZ, K.: Die gelbe Süßlupine, die Eiweißpflanze des Sandbodens. Dt. landwirtsch. Presse 1941, **68**, 249, 257

23. REINHARD, C. F.: Entwicklung und Stand des Hülsenfruchtbaues in Deutschland. 1934, Diss. Berlin
24. RENIUS, W.: Samenbau für Zwischenfrucht und Gründüngung. Flug-Schr. Dt. Landwirtsch.-Ges. 1949, Bd. 8, Hannover Landbuch-Verl.
25. ROEMER, Th.: Die Minderung der Ertragsschwankungen der Lupinenernten. Illustr. landwirtsch. Ztg. 1927, **24**, 311
26. ROHSTOFF-DIENST: Lupinen-Anbauflächen. 1942, H. 35—37
27. RÜBENSAM, E.: Die Standortverteilung der landwirtschaftlichen Produktion. 1959, Berlin, Dt. Bauernverl.
28. SCHAEFER, E.: Die Gründüngung mit Berücksichtigung des Futterbaues. 1947, Lüneburg, Kienau-Verl.
29. SCHULTZ-LUPITZ: Reinerträge auf leichtem Boden, ein Wort der Erfahrung zur Abwehr der wirtschaftlichen Not. Landwirtsch. Jb. 1881, **10**, 777
30. SCHULTZ-LUPITZ: Die Kalk-Kali-Phosphatdüngung. Mitt. Oekon. Ges. Königreich Sachsen 1891/92, I
31. SCHULTZ-LUPITZ und WERNER: Über die Bewurzelung der landwirtschaftlichen Kulturgewächse und deren Bedeutung für den praktischen Ackerbau. Jb. Dt. Landwirtsch.-Ges. 1891 (b), **6**, 78—90
32. SCHULTZ-LUPITZ: Zwischenfruchtbau auf leichtem Boden. Arb. Dt. Landwirtsch.-Ges. 1895, H. 7
33. SCHULZE, H.: Betriebswirtschaftliche Untersuchungen über den Körnerhülsenfruchtanbau. Ber. Landwirtsch. 1936, NF, 132. Sonderh., Berlin
34. SENGBUSCH, R. v.: Süßlupinen und Öllupinen. Landwirtsch. Jb. 1942, **91**, 723—880
35. STREUBER, G.: Die Nettobodenproduktion typischer Sandbodenbetriebe und Möglichkeiten zu ihrer Steigerung durch standortgerechte Bewirtschaftung. 1958, Diss. Univ. Rostock
36. SULINOWSKI, S.: Ertragsvergleiche von Bitter- und Futterlupinen. Symposium für Futterpflanzen in Poznan 1958
37. THAER, A.: Über den Anbau der Lupine. 1859, Berlin
38. TIEMANN, A.: Die Bedeutung der Süßlupine als Zwischenfrucht im Trockengebiet des Ostens. Dt. landwirtsch. Presse 1938, 128
39. TIEMANN, A.: Gründüngung. In: ROEMER, SCHEIBE, SCHMIDT, WOERMANN: Handbuch der Landwirtschaft. 1952, Bd. I, 463—489, Berlin, Verl. P. Parey
40. TROLL, H. J.: Anbau von Süßlupinen. Mitt. Dt. Landwirtsch.-Ges. 1934, **31**
41. TROLL, H. J.: Erbgänge und Samenfarbe bei weißkörnigen gelben Süßlupinen. Züchter 1956 (a), **26**, 41—53
42. TROLL, H. J.: Über Vitalitätsverhältnisse bei alkaloidhaltigen und alkaloidarmen Lupinen sowie bei deren Bastarden. Ber. Dt. Akad. Wiss. Berlin, Kl. Chem., Geol. u. Biol., 1956 (b), H. 7
43. VOGEL, E.: Gründüngungsversuche mit Lupinen in Bayern. Kartoffelbau 1959, **10**, 32
44. WINKEL, M.: Die Lupine und ihre Bedeutung für Landwirtschaft und Volksernährung 1920, Berlin, Verl. Parey
45. WOERMANN: Die Süßlupine in der deutschen Futterwirtschaft. Dt. landwirtsch. Presse 1937, **64**, 211—212
46. ZADE, A.: Pflanzenbaulehre für Landwirte. 1933, Berlin, Verl. Parey
47. Bericht über die Ergebnisse der Haupt- und Kontrollprüfungen mit Lupinen 1954 bis 1959, herausgegeb. v. Minist. f. Land- u. Forstwirt., Zentralstelle für Sortenwesen, Berlin
48. Witterungsübersicht für Mecklenburg 1957—1959, herausgeg. v. Amt für Meteorologie und Hydrologie, Schwerin
49. Witterungsübersichten für Sachsen-Anhalt 1957—1959, herausgeg. v. Amt für Meteorologie u. Hydrologie, Halle (Saale)
50. Statistik des Deutschen Reiches. 1939, Bd. 536
51. Statistische Angaben über den Vermehrungsanbau von Lupinen in den Betrieben und Kreisen der DDR, zur Verfügung gestellt von der VVB Saatzucht- und Handelsbetriebe Berlin und den DSG-Bezirksleitbetrieben (1957—1959)

# Autorreferate demnächst erscheinender Arbeiten[1]

Aus dem Institut für forstliche Bodenkunde und Standortslehre Eberswalde
der Humboldt-Universität zu Berlin
(Direktor: Prof. Dr. E. EHWALD)

E. EHWALD

## Entwicklungslinien in der Bodenkunde vom klassischen Altertum bis zum 18. Jahrhundert

Die Anfänge der modernen Bodenkunde im 18. Jahrhundert lassen sich ohne Kenntnis der antiken landwirtschaftlichen und naturphilosophischen Literatur nicht richtig verstehen. Das wird an Hand einiger Beispiele erläutert. Als solche Beispiele dienen vor allem: Ratschläge zur Bodenbeurteilung bei den „Hausvätern" des 18. Jahrhunderts, die mineralogische Einteilung der „Ackererden" sowie die Verwendung der Bezeichnung „Erden" und die Annahme eines sogenannten Fettes oder Öles im Boden in der früheren Agrikulturchemie. Zum Schluß wird an Hand des Problems der Standortsbeurteilung nach wildwachsenden Pflanzen die enge Verknüpfung der Entwicklung von Bodenkunde und Pflanzenökologie dargelegt.

Aus dem Institut für Bodenkunde Eberswalde
der Deutschen Akademie der Landwirtschaftswissenschaften zu Berlin
(Direktor: Prof. Dr. E. EHWALD)

E. VETTERLEIN

## Ergebnisse von Untersuchungen über die Wasserbewegung in Böden mit Hilfe des Vakuumkapillarimeters

Zur Untersuchung der Wasserbewegung im ungesättigten Boden konnte eine sehr einfache Versuchsanordnung, die im wesentlichen aus zwei Saugtrichtern (Vakuumkapillarimeter) besteht, mit Erfolg angewendet werden.

In Sandböden zeigte sich ein steiler Abfall der Wasserbewegung schon bei sehr geringen Saugspannungswerten. Bereits ein geringer Tongehalt, welcher den Sandböden einen anlehmigen bis schwach lehmigen Charakter verleiht, verändert die Wasserbeweglichkeit sehr wesentlich, vor allem im Bereich höherer Saugspannungen. Durch Humusbeimischung wird dagegen die Wasserbeweglichkeit von Sandböden nur wenig verändert. Sehr ähnlich verhalten sich in ihrer Wasserbeweglichkeit Lehm- und Tonböden, beide weisen sehr geringe Werte auf. Dagegen zeichnen sich Staub- und Schluffböden, wie z. B. Lößlehme, durch sehr hohe Wasserbeweglichkeiten aus.

Hinsichtlich ihrer Wasserbeweglichkeit im ungesättigten Bereich lassen sich daher die Böden folgendermaßen einteilen:

1. Sandböden
2. anlehmige bis lehmige Sande
3. Lehme und Tone
4. Staub- und Schluffböden

Die Untersuchungen haben weiterhin gezeigt, daß es die Erscheinung eines Kapillarrisses, d. h. eine sprunghafte Verringerung der Wasserbeweglichkeit, nur in Sandböden in scharf ausgeprägter Form gibt, während in feinkörnigen Böden diese Erscheinung weniger deutlich zu beobachten ist oder gänzlich fehlt.

[1] Sämtliche hier referierten Arbeiten erscheinen ausführlich in einem der nächsten Hefte dieser Zeitschrift.

Untersuchungen der Wasserbeweglichkeit in mehreren typischen Bodenprofilen lassen deutlich die gleichmäßig hohe Wasserbeweglichkeit, eine staub- und schluffreiche Schwarzerde, das unterschiedliche Verhalten der Sandböden im Bereich geringer und hoher Saugspannungswerte, den Einfluß der Horizontierung in einer Fahlerde und einem Pseudogley und die geringen Unterschiede zwischen Braunerden auf Lehm und Ton erkennen.

Aus dem Institut für Landwirtschaftliches Versuchs- und Untersuchungswesen Jena
der Deutschen Akademie der Landwirtschaftswissenschaften zu Berlin
(Direktor: Prof. Dr. agr. habil. W. BERGMANN)

H. UNGER

## Wie reagiert die autochthone Bodenmikroflora auf Abwassergaben?

Im Rahmen eines Abwasserforschungsauftrages wurden bodenmikrobiologische Untersuchungen angestellt, um neben dem Einfluß von städtischen Abwassergaben auf die bodenchemischen und bodenphysikalischen Faktoren auch die Reaktion der Bodenbiologie zu erfassen und so zu einer komplexen Aussage zu kommen. Auf drei extremen, natürlichen Standorten (Mittelhausen, Abwasserverwertungsgebiet Erfurt, schwerer Boden, Trockengebiet; Etzelbach, Abwasserverwertungsgebiet Rudolstadt, sandiger Lehm, Saaleaue; Versuchsstation Delitzsch, Abwasserverwertungsgebiet Leipzig-Nord, leichter Boden) wurden über drei Jahre Keimzahlbestimmungen im indirekten Gußplattenverfahren unter Beachtung der von G. MÜLLER gestellten Forderung (Intensivuntersuchungsperioden, biostatistische Auswertungen) durchgeführt. Die Prüfung der Bodenklimafaktoren Feuchte und Temperatur sowie des pH-Wertes erwies sich als notwendig.

Die Wirkung von Abwassergaben auf die kontrollierten Faktoren war nicht einheitlich und zeigte Abhängigkeit von der Höhe der Wassergabe, der Boden-, Nutzungs- und Pflanzenart, der Bodenreaktion, der Bodenfeuchte sowie von der Stabilität des biologischen Gleichgewichtes. Die für Keimzahlerhöhungen durch Beschickung mit Abwässern gefundenen zwei Möglichkeiten wurden als direkte und indirekte Wirkung bezeichnet. Eine zahlenmäßige Anreicherung coliformer Bakterien war im Gegensatz zur Gesamtkeimzahl eine regelmäßige Folge der Abwasserlandbehandlung, wobei die Schicht von 0—5 cm stets die höheren Werte aufwies und die von 7,5—12,5 cm immer gesichert niedriger lagen. Mit Hilfe eines Gefäßversuches wurde die Frage des Verbleibs der abwassereigenen Mikroorganismen untersucht. Die dabei erzielten Ergebnisse dürften neben der bodenmikrobiologischen Aussage auch für die Hygiene von Interesse sein.

Durch die Anwendung eines Testes zur Ermittlung der zellulolytischen Aktivität war es möglich, über eine ganze Vegetationsperiode die Bewässerungswirkung in bodenmikrobiologischer Hinsicht zu verfolgen und die Keimzahlwerte zu ergänzen.

Aus dem Institut für Landwirtschaftliches Versuchs- und Untersuchungswesen Jena
der Deutschen Akademie der Landwirtschaftswissenschaften zu Berlin
(Direktor: Prof. Dr. agr. habil. W. BERGMANN)

W. BERGMANN

## Gefäßversuche mit „Ionenaustauscher-Nährstoffen“

Nach Hinweisen auf bisherige Arbeiten mit „Ionenaustauschernährstoffen“ und ihre Vorteile bei pflanzenernährungsphysiologischen Untersuchungen sowie ebenfalls bestehende Nachteile, wie z. B. zu starke oder nachträgliche Sorption, werden Versuche mit „Ionenaustauschernährstoffen“ im Vergleich mit mineralischen Nährstoffen unter Verwendung von Hafer und der Nachfolgefrucht Senf mitgeteilt. Dabei wurde die zeitliche Aufnahme der Nährstoffe, die Zugabe „einfacher“ und „dreifach überhöhter“ Nährstoffgaben, der Einfluß überhoher Wassergaben auf sorptionsschwachen Standorten sowie die P-Wirkung auf einem sehr P-armen Boden untersucht. Die Versuchsergebnisse lassen erkennen, daß sich bestimmte „Ionenaustauscher" durchaus als Nährstoffträger für pflanzenphysiologische Untersuchungen gut eignen, daß bei Verwendung hoher Nährstoffgaben „Ionenaustauschernährstoffe" den Mineraldüngergaben in verschiedener Hinsicht überlegen sind und daß bei Verwendung von „Ionenaustauschernährstoffen" die Nährstoffe weitgehend vor einer Festlegung bzw. Auswaschung geschützt werden.

Aus dem Institut für Landwirtschaftliches Versuchs- und Untersuchungswesen Jena
der Deutschen Akademie der Landwirtschaftswissenschaften zu Berlin
(Direktor: Prof. Dr. agr. habil. W. BERGMANN)

H. UNGER

## Über einige in Feldversuchen mit Zellulose-Testbeuteln erzielte Ergebnisse

Ergänzend zu der bereits veröffentlichten produktionsbiologischen Methode des Zellulosetestes (Z. Pflanzenernähr., Düng., Bodenkde. 1960, **91** (**136**), 44—52) werden einleitend einige Verbesserungen zur Herstellung der Gazebeutel bekanntgegeben. Die dem Angriff der Bodenmikroorganismen zur Verfügung stehende Oberfläche kann durch Veränderung der Größe der Gazebeutel, der Maschenweite der Gaze und der Menge der eingefüllten Zellulosewatte beliebig verändert werden. Damit wird es möglich, verschieden lange Zeiträume zu kontrollieren und selbst bei kurzen Zeiträumen (etwa 30 Tage) noch quantitative Unterschiede in der zellulolytischen Aktivität der Böden nachzuweisen. Da neben der Zellulose auch andere organische Substanzen als Testmaterial dienen können, wird vorgeschlagen, in Zukunft nicht von einem Zellulose-, sondern Gazebeuteltest zu sprechen.

Anhand von zwei Beispielen aus Abwasserberegnungsversuchen und einem Fruchtartenversuch werden die mit dem Test möglichen quantitativen Aussagen unter Beweis gestellt. Sowohl auf einem Grünlandboden als auch unter Winterweizen wurde durch Abwassergaben die Intensität des Watteabbaues verstärkt. In dem Fruchtartenversuch betrug der Zelluloseabbau unter Kartoffeln nur 1/10 des Abbaues unter Zuckerrüben.

Außerdem ergaben der erwähnte Fruchtartenversuch und zahlreiche andere ähnliche Versuche, daß der Zellulose- oder Gazebeuteltest auch qualitative Aussagen zuläßt. Dabei dient die unterschiedliche Färbung der Restwatten als Merkmal für das Vorkommen bestimmter zellulosezersetzender Mikroorganismengruppen.

Aus dem Institut für forstliche Bodenkunde und Standortslehre Eberswalde
der Humboldt-Universität zu Berlin
(Direktor: Prof. Dr. E. EHWALD)

P. KUNDLER

## Zur Systematik der Übergangsbildungen zwischen Braunerden und Podsolen

Anhand von Musterprofilen wurden die Merkmale der Podsole, der Braunerden und der Übergangsbildungen aus pleistozänen Sanden im nordostdeutschen Tiefland erläutert.

Typische Podsole kommen in diesem Gebiet unter Kiefernwäldern mit Beerkraut- und Heidedecke verbreitet vor, sie sind auf Grund des Klimas in ebener Lage aber meist nur mäßig entwickelt. Diese Böden haben ein O-Aeh-Bs-C-Profil. Die Rohhumusauflage ist deutlich ausgeprägt. Darunter folgt ein schwach bis mäßig humoser grauer 5—10 cm mächtiger Eluvialhorizont, der in einen rostfarbenen nicht oder nur schwach verfestigten 10 bis 15 cm mächtigen Illuvialhorizont übergeht. Letzterer zeigt eine deutliche Anreicherung freier Fe-Oxyde und starke Anreicherung freier Al-Oxyde.

Unter den Braunerden aus Sand überwiegen im nordostdeutschen Tiefland die durchschlämmten Braunerden (Subtyp). Sie haben ein Ah-Bv-BtC-C-Profil. Eine wesentliche Humusauflage tritt unter der natürlichen Vegetation aus Buchen- und Eichenwäldern nicht auf. Unter dem 10—15 cm mächtigen mäßig bis stark humosen Ah- folgt ein brauner 30 bis 40 cm mächtiger Bv-Horizont. Beide zeigen eine deutliche Anreicherung mit glimmerartigen und aufweitbaren Dreischicht-Tonmineralen. Unter dem Bv-Horizont ist der obere Teil des C-Horizontes mit dünnen braunen welligen Bändern durchsetzt. Diese Bänder (dünne Bt-Horizonte) sind mit Tonmineralen und freien Oxyden angereichert. Die Tonminerale zeigen deutlich Einregelung.

Zwischen den durchschlämmten Braunerden und den typischen mächtigen Podsolen stehen deutlich abgrenzbar die Braunpodsole. Ihre natürliche Vegetation besteht aus armen Laubwäldern. Oft sind Braunpodsole auch unter Kiefernbeständen mit Gras- und Kräuterdecke nach früherer Laubwaldbestockung zu finden. Braunpodsole können sich wahrscheinlich sowohl primär als auch sekundär aus durchschlämmten Braunerden oder typischen mäßigen Podsolen entwickeln. Ihr Profil hat die Horizontfolge O-Ahe-Bsv-C. Die Humusform ist Moder. Unter der organischen Auflage folgt ein nur 2—5 cm mächtiger mäßig humoser grauer Ahe-Horizont. Darunter liegt ein etwa 30 cm mächtiger brauner Bsv-Horizont, der im oberen Bereich ein schwaches Fe-Oxyd, im mittleren bis unteren ein deutliches Al-Oxyd-Maximum zeigt.

Von den durchschlämmten Braunerden über die Braunpodsole zu den typischen mäßigen Podsolen nimmt die Masse der organischen Auflage deutlich zu, während der Humusgehalt im Mineralboden absinkt. In der gleichen Folge fallen die C/N-Verhältnisse des A-Horizontes, und im B-Horizont steigt der Anteil freier und an leicht bewegliche Fe- sowie Al-Oxyde gebundener Fulvosäuren an.

Zusammenfassend kann festgestellt werden, daß die Braunpodsole zwischen den Braunerden und den typischen Podsolen eine deutlich abgrenzbare Einheit darstellen.

www.ingramcontent.com/pod-product-compliance
Lightning Source LLC
LaVergne TN
LVHW081341011026
849161LV00013BB/2969